FENÔMENOS DE TRANSPORTE:
fundamentos e métodos

Rom Gams/Shutterstock

Dados Internacionais de Catalogação na Publicação (CIP)
(Câmara Brasileira do Livro, SP, Brasil)

Zabadal, Jorge Silva
  Fenômenos de transporte : fundamentos e métodos / Jorge Silva Zabadal, Vinicius Gadis Ribeiro. -- São Paulo : Cengage Learning, 2016.

Bibliografia
ISBN 978-85-221-2512-8

1. Fenômenos de transporte - Estudo e ensino 2. Mecânica dos fluidos - Estudo e ensino 3. Transporte - Fenômenos I. Ribeiro, Vinicius Gadis. II. Título.

16-00017   CDD-620.106

Índice para catálogo sistemático:
1. Fenômenos de transporte : Engenharia mecânica 620.106

FENÔMENOS DE TRANSPORTE: fundamentos e métodos

Jorge Rodolfo Silva Zabadal

Vinicius Gadis Ribeiro

Rom Gams/Shutterstock

CENGAGE Learning

Austrália • Brasil • Japão • Coreia • México • Cingapura • Espanha • Reino Unido • Estados Unidos

CENGAGE Learning

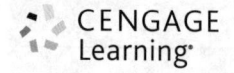

Fenômenos de Transporte: fundamentos e métodos
Jorge Rodolfo Silva Zabadal e Vinicius Gadis Ribeiro

Gerente editorial: Noelma Brocanelli

Editora de desenvolvimento: Regina Helena Madureira Plascak

Supervisora de produção gráfica: Fabiana Alencar Albuquerque

Editora de aquisições: Guacira Simonelli

Especialista em direitos autorais: Jenis Oh

Assistente editorial: Joelma Andrade

Copidesque: Tatiana Tanaka

Revisão: Norma Gusukuma e Beatriz Simões Araújo

Diagramação: Cia. Editorial

Pesquisa iconográfica: ABMM Iconografia

Capa: BuonoDisegno

Imagem da capa: Rom Gams/Shutterstock

© 2017 Cengage Learning Edições Ltda.

Todos os direitos reservados. Nenhuma parte deste livro poderá ser reproduzida, sejam quais forem os meios empregados, sem a permissão por escrito da Editora. Aos infratores aplicam-se as sanções previstas nos artigos 102, 104, 106, 107 da Lei nº 9.610, de 19 de fevereiro de 1998.

Esta Editora empenhou-se em contatar os responsáveis pelos direitos autorais de todas as imagens e de outros materiais utilizados neste livro. Se porventura for constatada a omissão involuntária na identificação de algum deles, dispomo-nos a efetuar, futuramente, os possíveis acertos.

A Editora não se responsabiliza pelo funcionamento dos links contidos neste livro que possam estar suspensos.

Para informações sobre nossos produtos, entre em contato pelo telefone
0800 11 19 39
Para permissão de uso de material desta obra, envie seu pedido para
direitosautorais@cengage.com

© 2017 Cengage Learning. Todos os direitos reservados.
ISBN 13: 978-85-221-2512-8
ISBN 10: 85-221-2512-0

Cengage Learning
Condomínio E-Business Park
Rua Werner Siemens, 111 – Prédio 11 – Torre A – Conjunto 12
Lapa de Baixo – CEP 05069-900 – São Paulo – SP
Tel.: (11) 3665-9900 Fax: 3665-9901
SAC: 0800 11 19 39

Para suas soluções de curso e aprendizado, visite
www.cengage.com.br

Impresso no Brasil
Printed in Brazil
1 2 3   18 17 16

*"Para Helen e Arthur, e para minhas famílias,
pois tive a sorte de ter várias."*

Prefácio

Desde a década de 1980, temos observado certa insatisfação quanto à maneira pela qual o ensino de algumas disciplinas é conduzido nos cursos de ciências exatas. Tanto no segmento da indústria quanto nas próprias universidades, essa insatisfação tem se manifestado especialmente em relação a duas características tradicionalmente presentes no meio acadêmico. Em primeiro lugar, nas disciplinas básicas de Matemática, ministradas com o intuito de estender o raciocínio lógico, a fim de capacitar o estudante a resolver problemas complexos, não são exploradas aplicações reais em Engenharia. Essas disciplinas, em particular o cálculo e as equações diferenciais, são abordadas de maneira puramente algorítmica, com pouco ou nenhum apelo à intuição física e geométrica.

Já nas disciplinas consideradas profissionais, são empregados algoritmos baseados no uso de tabelas, gráficos e equações empíricas, que raramente apresentam alguma conexão com as disciplinas básicas. Em resumo, essa insatisfação não se refere apenas ao fato de os conteúdos ministrados não apresentarem conexões com aplicações de grande interesse prático. Deve-se também a deficiências no que diz respeito à clareza com a qual são abordados determinados conteúdos.

Essa combinação de fatores desencoraja consideravelmente o aprendizado de diversos tópicos no âmbito das ciências exatas. Além disso, produz uma barreira artificial entre conteúdos considerados científicos e tecnológicos. Essa barreira se manifesta com maior frequência na opinião de muitos estudantes e profissionais, que consideram os modelos matemáticos representações grosseiras da realidade. Esse ponto de vista, que tem origem no desconhecimento sobre dinâmicas não lineares, revela também a ausência de conexões importantes entre o formalismo e a intuição geométrica. Essas conexões constituem a base de um conhecimento realmente sólido sobre os fenômenos naturais.

A ausência de conexões entre o formalismo matemático e a intuição geométrica leva a uma situação paradoxal no ensino de algumas disciplinas dos cursos de engenharia. Embora durante o ciclo básico o aluno seja preparado para resolver problemas progressivamente mais complexos, não utiliza sequer uma fração do conhecimento adquirido para resolver problemas práticos. Isso ocorre basicamente porque não existem, nos cursos de graduação, disciplinas específicas de equações diferenciais não lineares. Consequentemente, embora qualquer tema pertencente à área de fenômenos de transporte seja considerado tópico de formação, raramente essa característica pode ser preservada ao longo dos textos disponíveis na literatura, por uma simples questão de pré-requisito. Não se pode exigir de um aluno de graduação o conhecimento prévio em relação a temas que não figuram nas ementas das disciplinas do ciclo básico. Assim, mesmo nas obras clássicas existem poucas soluções deduzidas a partir das próprias equações diferenciais básicas, enquanto há um número extremamente elevado de fórmulas empíricas.

O texto proposto faz uma importante conexão entre os conteúdos ministrados no ciclo básico e suas aplicações práticas, introduzindo métodos comumente utilizados, em pesquisa e consultoria, para a resolução de equações-problemas de grande interesse em engenharia. Além disso, utiliza recursos computacionais avançados, que possibilitam ao aluno desenvolver sistemas profissionais de simulação. Esses sistemas consistem em códigos-fonte de processamento simbólico que, além de extremamente compactos e de fácil depuração, produzem resultados em uma fração do tempo de processamento requerido pelas formulações numéricas tradicionais.

Alguns profissionais alegam que não existem métodos analíticos para a resolução de equações diferenciais parciais advectivo-difusivas e que, portanto, parece razoável utilizar modelos empíricos, até que surjam novas soluções capazes de substituí-las ao longo do conteúdo ministrado. Entretanto, essas soluções já figuram em manuais de equações diferenciais parciais há mais de dez anos, sendo que os respectivos métodos de resolução, a saber, simetrias de Lie e transformações de Bäcklund, datam da segunda metade do século XIX. Por intermédio desses métodos são obtidas soluções exatas para equações diferenciais parciais (inclusive não lineares). Essa característica viabiliza a elaboração de sistemas de simulação baseados em formulações híbridas, nas quais o domínio de interesse pode ser dividido em elementos de grande extensão. Em muitos casos, podem ser obtidas soluções válidas para toda a região de interesse, de modo que o processo de discretização se torna dispensável.

Embora as formulações baseadas em simetrias e transformações de Bäcklund sejam descritas em linguagem pouco acessível, é possível tratar desses tópicos de forma bastante direta e prática, desde sua concepção até a implementação de códigos computacionais. Basta, para tanto, dar ênfase à intuição geométrica associada a cada passo da dedução dessas formulações. No caso específico das transformações de Bäcklund, as formas fatoradas das equações advectivo-difusivas podem ser consideradas generalizações da lei de Fick, enquanto os geradores dos grupos de simetria podem ser interpretados como campos de escoamento, para os quais as chamadas soluções invariantes correspondem às respectivas funções corrente. Em resumo, na raiz dos próprios métodos utilizados para a resolução das equações básicas, existem elementos que remetem a analogias naturais com dois temas de grande interesse em fenômenos de transporte: transferência de massa e mecânica de fluidos.

A principal proposta do livro-texto consiste em estabelecer conexões lógicas desde a origem das equações de balanço até a obtenção de soluções exatas para as equações diferenciais que descrevem cenários de real interesse prático. Neste texto, o próprio processo de resolução das equações auxilia a consolidar as noções básicas de fenômenos de transporte, além de estabelecer ligações adicionais com outras áreas da física, o que possibilita ao estudante adquirir um ponto de vista unificado em relação aos modelos estudados. O grau de encadeamento lógico do texto permite ao aluno compreender de fato a essência do conteúdo, sem acumular um volume desnecessário de informações isoladas.

Este texto é o resultado de 25 anos de pesquisa intensiva e experiência em sala de aula, tanto na universidade quanto na indústria e em órgãos de proteção ambiental. Dessa experiência resultam algumas conclusões bastante encorajadoras no que diz respeito ao ensino de graduação e pós-graduação:

À medida que o estudante se habitua a deduzir expressões e interpretá-las em vez de consultar formulários, a necessidade de treinamento por meio da resolução de extensas listas de exercício torna-se cada vez menor.

O emprego de textos sucintos estimula o estudante a desenvolver tendências autodidatas, de forma progressiva e, acima de tudo, irreversível.

Quando os tópicos são abordados de forma direta e objetiva, sem que figure qualquer análise qualitativa inconsistente com as próprias equações básicas, o aluno adquire confiança para realizar inferências com maior nível de profundidade.

Quando quaisquer alterações posteriores das equações básicas, efetuadas a título de refinamento, são deduzidas na íntegra em capítulos referentes a tópicos avançados, os estudantes não se mostram intimidados, mas curiosos em relação às novas perspectivas. Essa disposição prévia é fundamental para a formação da mentalidade de consultores e pesquisadores.

A principal deficiência da grande maioria dos alunos das chamadas ciências exatas consiste em estabelecer conexões entre o formalismo e a intuição geométrica, isto é, visualizar gráficos de funções, imaginar curvas e superfícies que obedecem a certas relações entre amplitudes, inclinações e concavidades locais, associar operadores diferenciais de primeira ordem a campos de escoamento etc.

Dentre essas conclusões, a última foi identificada como o ponto crítico no ensino de fenômenos de transporte. Ao suprir a deficiência em estabelecer conexões entre o formalismo e a intuição geométrica, torna-se possível remover uma série de bloqueios com relação à compreensão de novos temas, permitindo inclusive revisitar e desmistificar conteúdos básicos considerados particularmente obscuros por grande parte dos estudantes.

O texto foi concebido como bibliografia suplementar e planejado para que o aluno possa absorver gradualmente cada conteúdo de maneira informal, geralmente visualizando situações análogas de forma bastante clara, para posteriormente desenvolver o formalismo. O formalismo é apresentado em uma linguagem simples e direta, mas sem perda de rigor lógico. Em ambas as etapas são utilizados recursos computacionais de maneira intensiva, resultando em uma descrição acessível dos conteúdos, em níveis progressivamente mais profundos de abordagem.

Partes do texto têm sido utilizadas com sucesso nas disciplinas de Trocadores de Calor e Análise de Riscos Industriais e Ambientais, no departamento de Engenharia Mecânica da Universidade Federal do Rio Grande do Sul (UFRGS), resultando em uma redução do índice de repetência de cerca de 40% para 10%, além de proporcionar um aumento de aproximadamente 50% nas médias finais correspondentes. Além disso, cerca de 30% do total de alunos egressos dessas disciplinas costumam procurar cursos análogos a fim de complementar sua formação, mesmo sem contabilizar créditos para a conclusão do próprio curso de graduação. A pedido desses alunos, temos ministrado algumas disciplinas avançadas em caráter informal, a saber, Teoria dos Solitons, Termodinâmica Estatística, Hidrodinâmica Molecular e Teoria Quântica de Campos, que eventualmente poderão ser transformadas em cursos de extensão, devido à crescente demanda por temas que abordam conexões entre ciência e tecnologia.

Jorge Zabadal e Vinicius Ribeiro
Porto Alegre, fevereiro de 2015.

Sumário

Índice de figuras	XIII
Sobre os autores	XV

PARTE 1 – FUNDAMENTOS — 1

Capítulo 1: Leis de conservação — 2

Capítulo 2: Transporte por advecção — 11
2.1 – Generalização da regra do deslocamento — 14
2.2 – Regras para aplicação de exponenciais de operadores — 14

Capítulo 3: Transporte por difusão — 21
3.1 – A origem do processo de difusão mássica — 23
3.2 – A lei de Fick e o movimento browniano — 26
3.3 – Calor e movimento — 28

Capítulo 4: Equações advectivo-difusivas — 31
4.1 – Propagação de poluentes em corpos hídricos — 31
4.2 – Resolução do sistema de equações de primeira ordem — 35
4.3 – Considerações sobre as condições de contorno utilizadas — 37
4.4 – Problemas envolvendo transferência de calor — 39
4.5 – Problemas envolvendo escoamentos viscosos — 40

PARTE 2 – MÉTODOS — 45

Capítulo 5: Condução de calor — 46
5.1 – A equação de Laplace — 46
5.2 – A equação de Poisson — 48
5.3 – Aplicação no projeto de superfícies estendidas — 49

Capítulo 6: Transferência de calor por convecção — 55
6.1 – Solução para a região do fluido interno — 55
6.2 – Solução para a região da parede dos tubos — 59
6.3 – Solução para a região do casco — 59
6.4 – Estimativa de carga térmica e área de troca — 61
6.5 – Estimativa da velocidade junto à parede — 63
6.6 – Redefinição da difusividade térmica — 64
6.7 – Exemplo de aplicação — 65
6.8 – Soluções em coordenadas adaptadas à geometria do domínio — 66

Capítulo 7: Propagação de poluentes em meio aquático 69

7.1 – As transformações conformes 69
7.2 – A equação advectivo-difusiva em coordenadas curvilíneas 71
7.3 – Generalização da formulação 73
7.4 – Geração da transformação conforme 75
7.5 – Limitações da formulação 77

Capítulo 8: A equação de Helmholtz 81

8.1 – Transformações de Bäcklund aplicadas à mecânica de fluidos 82
8.2 – Modelo de difusão de energia cinética por unidade de massa 85
8.3 – Resultados preliminares 88

Capítulo 9: As equações de Navier-Stokes e o conceito de camada limite 93

9.1 – As equações de Navier-Stokes e sua forma fatorada 93
9.2 – Escoamento em torno de cilindros e placas planas 96

Capítulo 10: Cálculo de coeficientes de difusão 101

10.1 – Oscilação superficial e difusão em meio aquático 102
10.2 – Soluções exatas para a equação KdV 103
10.3 – Cálculo da difusividade mássica a partir da solução obtida 105

PARTE 3 – TÓPICOS AVANÇADOS 111

Capítulo 11: Leis de Fick generalizadas 112

11.1 – Formas fatoradas como generalizações da lei de Fick 112
11.2 – Fenômenos de transporte e teoria de campos 113
11.3 – Solitons 115
11.4 – A noção de corrente 117
11.5 – A notação indicial 119

Capítulo 12: Leis de conservação e relações de comutação 127

12.1 – Ideia básica 128
12.2 – Formulação básica 129

Capítulo 13: Conexão entre mecânica de fluidos e teoria eletromagnética 133

13.1 – Relações de comutação e equações de Maxwell 133
13.2 – Extensão da lei de Ampère 137

Capítulo 14: Modelos em microescala 141

14.1 – Formulação para problemas em microescala 142
14.2 – Interpretação do modelo obtido 144

Capítulo 15: Conexões entre fenômenos de transporte e química 153

15.1 – Uma possível interpretação para os processos reativos 153
15.2 – Os efeitos indutivo e de campo 154
15.3 – Efeito indutivo e processos catalíticos 157

REFERÊNCIAS 163

Índice de figuras

Figura 1 – Terreno irregular e suas respectivas curvas de nível — 2
Figura 2 – Vista de topo da superfície, onde as curvas de nível representam linhas de fluxo — 3
Figura 3 – Curvas de nível do campo de escoamento relativo ao vetor velocidade $(u,v) = (y,-x)$ — 8
Figura 4 – Evolução temporal da função $f = \exp[-(x\exp(-t))^2]$. Perfis para $t = 0$ (curva interna), $t = 1$ (curva central) e $t = 2$ (curva externa) — 13
Figura 5 – Gráfico dos dois primeiros termos da série para o estado inicial $f = \exp(-x^2)$, utilizando $dx = 0,2$ — 15
Figura 6 – Soma dos dois primeiros termos da série, que resulta essencialmente no deslocamento do perfil inicial — 16
Figura 7 – Isolinhas de função corrente para movimento coerente — 21
Figura 8 – Campo vetorial associado às isolinhas da Figura 7 — 22
Figura 9 – Isolinhas de função corrente para movimento decoerente — 23
Figura 10 – Campo vetorial correspondente à Figura 9 — 23
Figura 11 – Molécula diatômica antes de receber a radiação incidente — 29
Figura 12 – Molécula diatômica depois de receber a radiação incidente — 30
Figura 13 – Elemento de área a) em escoamento livre, b) ao sofrer travamento sobre a interface sólida — 41
Figura 14 – Travamento de um elemento de área em escoamento vertical — 41
Figura 15 – Mapa de temperaturas para a condição de contorno (equação 5.22) — 50
Figura 16 – Mapa de temperaturas em perspectiva — 51
Figura 17 – Aleta delimitada segundo o critério definido no passo I — 51
Figura 18 – Mapa térmico para o escoamento transversal em torno de dois cilindros adjacentes em uma fileira — 67
Figura 19 – Margem senoidal utilizada para a construção de margens — 76
Figura 20 – Efeito da extrapolação do perfil de profundidade para cargas lançadas junto à margem — 77
Figura 21 – Efeito da extrapolação do perfil de profundidade para cargas mais afastadas da margem — 78
Figura 22 – Margem da Figura 20 para períodos de cheia — 78

Figura 23 – Exemplo de *branch* no plano complexo 79

Figura 24 – *Branch* visto em perspectiva 79

Figura 25 – Vórtice isolado produzido a partir de uma solução gaussiana para o modelo puramente difusivo 89

Figura 26 – Esteira obtida a partir de uma combinação linear de soluções gaussianas para o problema puramente difusivo 90

Figura 27 – Linhas de fluxo para o escoamento em torno de um cilindro de raio unitário ($U = 0,01$ m/s e $\nu = 0,0065$ m/s^2.) 96

Figura 28 – Linhas de fluxo para o escoamento em torno de um cilindro de raio unitário ($U = 0,01$ m/s e $\nu = 0,012$ m/s^2) 97

Figura 29 – Linhas de fluxo para o escoamento em torno de uma placa plana 98

Figura 30 – Vista em perspectiva do escoamento em torno da placa plana 98

Figura 31 – *Zoom out* da Figura 28, mostrando a região de validade da solução obtida para $U = 0,01$ m/s e $\nu = 0,012$ m/s^2 99

Figura 32 – Mapas de concentração de fosfato (mg/L) na praia do Lami, para valores do coeficiente de difusão estimados a partir de um modelo de turbulência ($D = 0,08$ m^2/s) e do modelo de oscilação superficial ($D = 0,19$ m^2/s) 108

Figura 33 – Cisalhamento de um elemento de área no plano $x\,t$ 124

Figura 34 – A reta horizontal representa uma partícula em repouso, enquanto a inclinada, uma partícula que se desloca com velocidade constante 145

Figura 35 – Correspondência entre processos de colisão elástica e de aniquilação 146

Sobre os autores

Jorge Rodolfo Silva Zabadal   nasceu em Porto Alegre, RS, em 1965, graduou-se em Engenharia Química pela UFRGS em 1987, onde concluiu o Mestrado em Engenharia Mecânica (1990), Doutorado em Engenharia Nuclear (1994) e Pós-doutorado em três áreas: simulação molecular (1995), controle de processos industriais (1996) e modelos quânticos para seções de choque de espalhamento de radiação (1997). Professor associado da UFRGS desde 1999, atua também como consultor de empresas e órgãos públicos há 25 anos. Autor de cerca de 130 trabalhos originais, suas principais linhas de pesquisa se concentram nas áreas de fenômenos de transporte e simulação molecular.

Vinicius Gadis Ribeiro   nasceu em Porto Alegre, RS, em 27/09/1962. Graduou-se em Ciências Náuticas (Ministério da Marinha) em 1984; em Ciência da Computação (UFRGS), em 1994. Concluiu Mestrado em Administração (UFRGS) em 1996 e o Doutorado em Ciência da Computação (UFRGS) em 2005. Professor Titular da Uni-Ritter, onde atua desde 2003, Professor Titular da Facensa, onde atua desde 2002, e da ESPM-Sul, onde atua desde 2012. É autor de cerca de 70 trabalhos originais, sendo suas principais áreas de interesse a simulação computacional, matemática computacional, modelagem matemática e métodos de pesquisa.

PARTE 1
FUNDAMENTOS

Robert Neumann/Shutterstock

Capítulo 1: Leis de conservação
Capítulo 2: Transporte por advecção
Capítulo 3: Transporte por difusão
Capítulo 4: Equações advectivo-difusivas

capítulo 1
Leis de conservação

A noção de quantidade conservada pode ser facilmente compreendida com base em um exemplo cujo apelo à intuição geométrica é imediato. Suponha que fosse necessário construir uma série de estradas planas ligando diversas cidades por um terreno montanhoso. Mais especificamente, os automóveis que percorressem essas pistas não precisariam subir ou descer ladeiras ao longo do caminho. Assim, a cota de cada estrada permaneceria constante, como mostra a Figura 1, coincidindo com alguma das curvas de nível desse terreno acidentado.

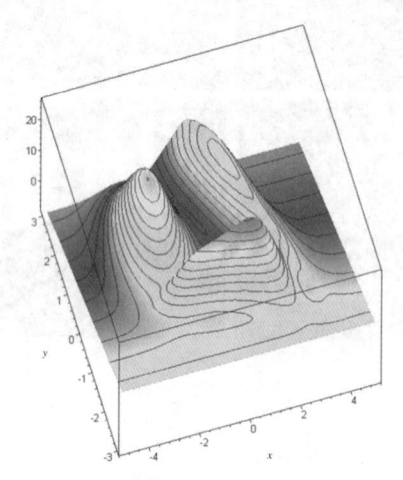

Figura 1 – Terreno irregular e suas respectivas curvas de nível

Isso significa que, ao utilizar qualquer dessas estradas para percorrer o terreno cuja topografia é descrita por uma função $z(x,y)$, cada carro percorre um caminho que contorna as montanhas e depressões, preservando o valor numérico da cota z. Esse caminho obedece à equação $z(x,y)$ = constante ou, de forma equivalente, $dz = 0$. Uma vez que z depende das coordenadas x e y, essa equação pode ser expressa como

$$\frac{\partial z}{\partial x} dx + \frac{\partial z}{\partial y} dy = 0 \qquad (1.1)$$

Essa equação informa que a proporção entre pequenos passos dados em x e y para contornar as montanhas depende da inclinação local do terreno nessas direções. Dividindo a equação (1.1) pelo intervalo de tempo transcorrido para percorrer um passo infinitesimal na direção para a qual a cota z não varia, resulta

ou

$$\frac{\partial z}{\partial x}\frac{dx}{dt} + \frac{\partial z}{\partial y}\frac{dx}{dt} = 0 \qquad (1.2)$$

$$u\frac{\partial z}{\partial x} + v\frac{\partial z}{\partial y} = 0 \qquad (1.3)$$

Nessa equação, $u = dx/dt$ e $v = dy/dt$ representam, respectivamente, as componentes do vetor que mede localmente a velocidade do automóvel ao percorrer cada pequeno trecho da pista. Existem, portanto, ao menos duas relações diretas entre a função z e as componentes desse vetor velocidade que satisfazem à equação (1.3):

$$u = -\frac{\partial z}{\partial y}, \quad v = \frac{\partial z}{\partial x} \qquad (1.4a)$$

e

$$u = \frac{\partial z}{\partial y}, \quad v = -\frac{\partial z}{\partial x} \qquad (1.4b)$$

Quando a equação (1.4b) é escolhida para satisfazer à (1.3), z é denominada **função corrente**, sendo denotada por Ψ. Assim, $\Psi(x,y)$ representa uma superfície que descreve a topografia de um terreno irregular, sendo suas derivadas associadas às componentes da velocidade com a qual são 1 apenas percorridas suas curvas de nível. Essas equações podem ser interpretadas em microescala de uma forma bastante simples. Suponha que os automóveis sejam substituídos pelas moléculas de um determinado líquido. Nesse caso, as estradas passam a representar suas respectivas trajetórias ao longo de um campo de escoamento. Em outras palavras, essas curvas de nível são interpretadas como linhas de fluxo, de acordo com Sisson e Pitts (1986), uma vez que consistem em trajetórias percorridas pelas moléculas do fluido. Já os pontos críticos da superfície, isto é, os máximos e mínimos locais, podem ser interpretados como obstáculos ao escoamento. Esses corpos submersos podem ser mais bem identificados em uma vista de topo da superfície (Figura 2).

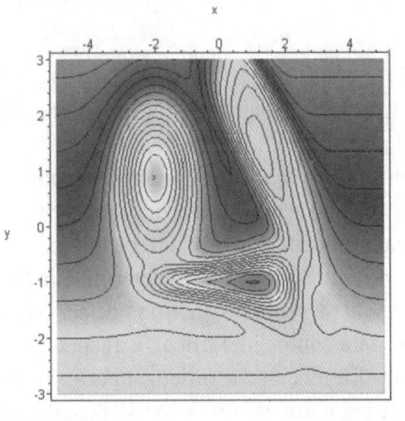

Figura 2 – Vista de topo da superfície, onde as curvas de nível representam linhas de fluxo

Com base nas relações entre a função corrente e as componentes da velocidade, definidas como

$$u = \frac{\partial \Psi}{\partial y} \,,\ v = -\frac{\partial \Psi}{\partial x} \qquad (1.5)$$

surge uma lei de conservação chamada *equação da continuidade para fluidos incompressíveis*. Derivando a primeira relação em x, a segunda em y e somando as expressões resultantes, obtém-se

$$\frac{\partial u}{\partial x} + \frac{\partial v}{\partial y} = -\frac{\partial^2 \Psi}{\partial x \partial y} + \frac{\partial^2 \Psi}{\partial y \partial x} = 0 \qquad (1.6)$$

Considerando que no estado líquido as moléculas estão muito próximas, a frenagem de uma delas na direção x provoca a "expulsão" de uma molécula a montante na direção y. Assim, a equação (1.6) estabelece que, se uma área retangular contendo certo número de moléculas é contraída na direção x, deve ser expandida na direção y para permanecer com o mesmo número de moléculas. Nesse exemplo específico, a contração é provocada pela frenagem da molécula localizada a jusante. De forma equivalente, se essa área retangular não fosse fechada, mas delimitada apenas por linhas imaginárias, o número de moléculas que entrariam nessa região deveria ser igual ao número de moléculas que sairiam, de modo que o número total de moléculas contidas na região permaneceria inalterado. Esta interpretação é associada a um balanço de massa.

Em ambas as interpretações, o conceito de fluido incompressível surge de forma intuitiva. Caso o fluido em questão fosse um gás, haveria a possibilidade de aproximar as moléculas ao comprimir a região. Dessa forma, após a compressão, uma menor área poderia passar a conter o mesmo número de moléculas. Consequentemente, a densidade local do fluido poderia sofrer uma alteração ao longo do intervalo de tempo no qual a região sofreria compressão em virtude da frenagem. Dependendo da distância entre as moléculas e da extensão desse intervalo de tempo, a frenagem poderia ser acompanhada simultaneamente de expulsão e compressão. Dessa forma, a equação da continuidade para gases deveria conter um termo extra, levando em conta as possíveis variações temporais da densidade, provocadas pela compressão do gás:

$$\frac{\partial \rho}{\partial t} + \frac{\partial u}{\partial x} + \frac{\partial v}{\partial y} = 0 \qquad (1.7)$$

Nessa nova lei de conservação, chamada equação da continuidade para fluidos compressíveis, ρ representa a densidade local do gás.

Note-se que as leis de conservação devem sempre resultar em equações diferenciais de primeira ordem, uma vez que apenas variações locais entre dois pontos vizinhos devem ser consideradas para respeitar os respectivos balanços, sejam estes referentes à massa ou ao número de moléculas contidas em determinada área. De forma equivalente, qualquer equação diferencial de primeira ordem pode ser interpretada como uma lei de conservação, bastando, para tanto, identificar a respectiva quantidade conservada. Uma vez que as equações diferenciais de ordem superior podem ser obtidas a partir da derivação de equações de primeira ordem, torna-se possível deduzir as leis de conservação que as originam. Assim, é possível verificar se determinadas equações diferenciais são fisicamente realistas, isto é, se obedecem ou violam certas leis fundamentais. Apenas como exemplo preliminar, as equações

$$u\,C = D\,\frac{\partial C}{\partial x} \qquad (1.8a)$$

e

$$v\,C = D\,\frac{\partial C}{\partial y} \qquad (1.8b)$$

onde C pode representar a concentração de um poluente e D, seu respectivo coeficiente de difusão em água, constituem leis de conservação que estabelecem relações entre o gradiente de concentração e a velocidade local de escoamento. Essas equações, chamadas leis de Fick, produzem pela derivação a equação de transporte de massa, que será abordada em capítulos posteriores. Derivando (1.8a) em x e (1.8b) em y, somando as equações resultantes e reagrupando termos, resulta

$$\left(\frac{\partial u}{\partial x} + \frac{\partial v}{\partial y}\right)C + u\,\frac{\partial C}{\partial x} + v\,\frac{\partial C}{\partial y} = D\left(\frac{\partial^2 C}{\partial x^2} + \frac{\partial^2 C}{\partial y^2}\right) \qquad (1.9)$$

Quando essa equação descreve a propagação de poluentes em meio aquático, o termo entre parênteses no membro esquerdo de (1.9) é nulo, devido à equação da continuidade para líquidos, que são fluidos incompressíveis. Nesse caso específico, aa equação se reduz a

$$u\,\frac{\partial C}{\partial x} + v\,\frac{\partial C}{\partial y} = D\left(\frac{\partial^2 C}{\partial x^2} + \frac{\partial^2 C}{\partial y^2}\right) \qquad (1.10)$$

Esse princípio básico orienta todo o restante do texto, permitindo não apenas unificar a interpretação de diversos fenômenos físicos, mas também simplificar o próprio processo de resolução das equações correspondentes. A fim de absorver essa ideia básica, é conveniente criar uma intuição geométrica preliminar, que permite reinterpretar as equações diferenciais parciais de primeira ordem, como problemas envolvendo escoamentos de fluidos não viscosos. Iniciando com um exemplo bastante simples, a equação

$$\frac{\partial f}{\partial t} = 2\frac{\partial f}{\partial x} \qquad (1.11)$$

pode ser resolvida indiretamente por decomposição em um sistema de equações auxiliares na forma dada por (1.8a) e (1.8b):

$$\frac{\partial f}{\partial t} = uf \qquad (1.12)$$

$$2\frac{\partial f}{\partial x} = uf \qquad (1.13)$$

Nesse caso, ambos os membros direitos devem ser idênticos a fim de garantir a igualdade entre os membros esquerdos correspondentes, imposta pela equação em sua forma original. Tomando inicialmente u como constante, obtêm-se as seguintes soluções particulares para (1.12) e (1.13):

$$f = g(x)e^{ut} \qquad (1.14)$$

e

$$f = h(t)e^{\frac{ux}{2}} \qquad (1.15)$$

Uma vez que as soluções devem resultar idênticas, as funções g e h podem ser obtidas diretamente por comparação:

$$g(x) = e^{\frac{ux}{2}} \qquad (1.16)$$

$$h(t) = e^{ut} \qquad (1.17)$$

Desse modo, a solução obtida resulta

$$f = e^{ut}e^{\frac{ux}{2}} = e^{ut + \frac{ux}{2}} \qquad (1.18)$$

o que pode ser verificado por derivação. Como

$$\frac{\partial f}{\partial t} = ue^{ut + \frac{ux}{2}} \qquad (1.19)$$

e

$$\frac{\partial f}{\partial x} = \frac{u}{2} e^{ut + \frac{ux}{2}} \qquad (1.20)$$

o quociente entre as derivadas em relação a t e x resulta 2, uma vez que os demais termos se cancelam mutuamente. Assim, a equação (1.11) é satisfeita pela função definida por (1.18).

É importante observar que o cancelamento ocorrido na etapa de verificação não se deve ao fato de que a solução obtida consiste em uma exponencial do argumento $(t + x/2)u$. Suponha que, em vez da exponencial, fosse empregada qualquer função do mesmo argumento, na tentativa de obter uma nova solução para a mesma equação diferencial. Em outras palavras, se $f = g(a)$, onde $a = (t + x/2)u$, fosse substituída na equação-alvo, o emprego da regra da cadeia faria que ainda assim houvesse cancelamento de termos. Uma vez que

$$\frac{\partial f}{\partial t} = \frac{dg}{da}\frac{\partial a}{\partial t} \qquad (1.21)$$

e

$$\frac{\partial f}{\partial x} = \frac{dg}{da}\frac{\partial a}{\partial x} \qquad (1.22)$$

o quociente entre as derivadas de f em relação a t e x resultaria

$$\frac{\frac{\partial f}{\partial t}}{\frac{\partial f}{\partial x}} = \frac{\frac{\partial a}{\partial t}}{\frac{\partial a}{\partial x}} \qquad (1.23)$$

Desse modo, a derivada de g em relação ao argumento a seria cancelada, independentemente da definição de g. Assim, a equação resultante seria expressa como

$$\frac{\partial a}{\partial x}\frac{\partial f}{\partial t} = \frac{\partial a}{\partial t}\frac{\partial f}{\partial x} \qquad (1.24)$$

e, portanto, não depende da forma como g varia com seu argumento, mas apenas do próprio argumento. Isso significa que as equações diferenciais parciais de primeira ordem informam apenas o conjunto de curvas de nível das respectivas soluções. Em outras palavras, as informações fornecidas pelas equações diferenciais parciais de primeira ordem são como mapas topográficos nos quais são apenas desenhadas as curvas de nível de um determinado terreno, sem que haja qualquer informação disponível sobre as cotas específicas associadas a cada isolinha. Como exemplo adicional, para fixar a ideia básica, a função $f = x^2 + y^2$ possui curvas de nível circulares concêntricas e obedece à equação

$$y\frac{\partial f}{\partial x} = x\frac{\partial f}{\partial y} \qquad (1.25)$$

Já a função $f = \text{sen}(x^2 + y^2)$ possui o mesmo conjunto de isolinhas e, portanto, obedece à mesma equação diferencial, embora represente uma superfície totalmente diferente. Ocorre que as respectivas cotas, responsáveis pela determinação do formato do terreno, são especificadas pela aplicação de condições de contorno. É precisamente por esse motivo que, ao resolver problemas práticos, surge eventualmente a impressão de que as equações diferenciais não são capazes de descrever cenários fisicamente realistas, pois mesmo partindo de equações diferenciais confiáveis, podem ser obtidos resultados numéricos totalmente incompatíveis com os respectivos dados experimentais, ainda que as soluções obtidas sejam exatas. Para tanto, basta que sejam prescritas condições de contorno inadequadas. Esse tema será retomado posteriormente, ao abordar as chamadas restrições diferenciais, recursos utilizados para facilitar o processo de resolução de equações e evitar o emprego de condições de contorno incompatíveis com o cenário em estudo.

Retornando à equação (1.25), a variável dependente f pode ser interpretada como uma possível função corrente associada ao campo de velocidades cujas componentes são definidas como $u = y$ e $v = -x$. Esse campo de velocidades representa um vórtice que gira no sentido horário (Figura 3), o que pode ser verificado facilmente ao substituir valores numéricos para as coordenadas, a fim de obter o vetor velocidade $(y, -x)$ em alguns pontos do plano.

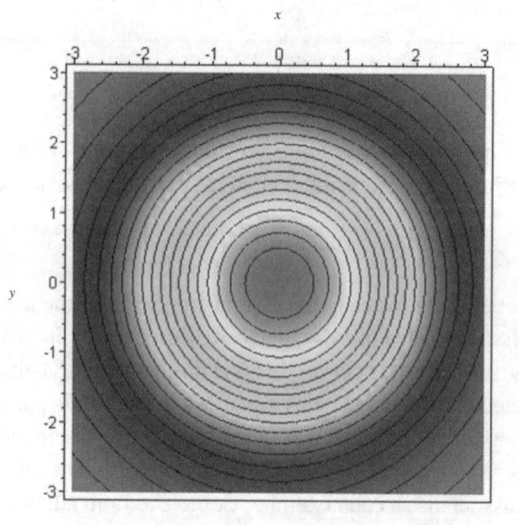

Figura 3 – Curvas de nível do campo de escoamento relativo ao vetor velocidade $(u,v) = (y,-x)$

Como exemplo, no ponto (1,0) o vetor velocidade resulta (0,−1) e, portanto, aponta para baixo, enquanto no ponto (0,1) o vetor resultante é (1,0), que aponta para a direita. Ao associar os coeficientes das derivadas com componentes do vetor velocidade que descreve um campo de escoamento, surge naturalmente um método bastante simples para resolver equações diferenciais parciais de primeira ordem. O **método das características** é obtido considerando que o intervalo de tempo necessário para percorrer uma pequena distância sobre o plano pode ser obtido de duas maneiras, isto é, levando em conta que

$$dt = \frac{dt}{dx}dx = \frac{\partial t}{\partial y}dy \qquad (1.26)$$

essas relações podem ser expressas em termos das componentes do vetor velocidade. Reescrevendo (1.26) na forma

$$dt = \frac{1}{\frac{dx}{dt}}dx = \frac{1}{\frac{dx}{dt}}dy \qquad (1.27)$$

e reconhecendo que $u = dx/dt$ e $v = dy/dt$, resulta

$$dt = \frac{dx}{u} = \frac{dy}{v} \qquad (1.28)$$

Mas as componentes u e v do vetor velocidade são os coeficientes das derivadas de f em relação a x e y, respectivamente. No caso específico da equação (1.25), $u = y$ e $v = -x$, de modo que, para esse exemplo, vale a igualdade

$$\frac{dx}{y} = \frac{dy}{-x} \qquad (1.29)$$

chamada **equação característica**, que, ao sofrer separação de variáveis, fornece

$$-xdx = ydy \qquad (1.30)$$

Uma vez que essa igualdade é válida para qualquer ponto do campo de escoamento mostrado na Figura 3, as somas das respectivas contribuições locais devem também ser iguais, isto é,

$$\int -xdx = \int ydy + c_0 \qquad (1.31)$$

onde c_0 representa uma constante arbitrária. Assim,

$$-\frac{x^2}{2} = \frac{y^2}{2} + c_0 \qquad (1.32)$$

ou

$$x^2 + y^2 = c_1 \qquad (1.33)$$

na qual $c_1 = -2c_0$ é outra constante arbitrária. Essa equação descreve as curvas de nível da respectiva solução, isto é, as linhas de fluxo do escoamento correspondente. Nesse exemplo específico, a equação (1.33) informa que as linhas de fluxo são circulares concêntricas, resultado compatível com o campo de velocidades esboçado na Figura 3.

Uma vez que a equação diferencial especifica apenas o formato das curvas de nível da solução, f pode ser qualquer função do argumento $x^2 + y^2$, isto é,

$$f = a(x^2 + y^2) \qquad (1.34)$$

onde a representa uma função arbitrária de seu argumento.

Em resumo, resolver qualquer equação diferencial parcial de primeira ordem equivale a encontrar as isolinhas da função corrente para o respectivo campo de escoamento. A generalização do conceito de função corrente origina as chamadas **soluções invariantes** em relação à aplicação de operadores diferenciais lineares. A noção de solução invariante está diretamente relacionada às **simetrias** admitidas por uma determinada equação diferencial, tópico que será explorado de forma indireta ao longo do texto.

capítulo 2
Transporte por advecção

As leis de conservação apresentadas no capítulo anterior, que constituem equações diferenciais parciais de primeira ordem, possuem soluções que podem ser consideradas funções corrente generalizadas, associadas a um determinado campo de escoamento. Será demonstrado a seguir que, com base na análise da estrutura dessas funções corrente, o mecanismo de advecção (também chamado convecção) pode ser reconhecido de imediato, estabelecendo uma conexão básica entre a intuição geométrica e o formalismo matemático. A fim de elucidar o argumento de forma geral, basta resolver qualquer equação diferencial na forma

$$\frac{\partial f}{\partial t} + u \frac{\partial f}{\partial x} = 0 \qquad (2.1)$$

para u constante. A respectiva equação característica resulta

$$dt = \frac{dx}{u} \qquad (2.2)$$

ou

$$u\,dt = dx \qquad (2.3)$$

Integrando ambos os membros, obtém-se

$$ut = x + c_0 \qquad (2.4)$$

ou

$$x - ut = c_1 \qquad (2.5)$$

Assim, as linhas de fluxo são dadas pela equação (2.5), de modo que a respectiva solução pode ser definida como

$$f = a(x - ut) \qquad (2.6)$$

Nessa equação, a é uma função arbitrária do argumento $x - ut$. Isso significa que, para respeitar a equação diferencial (2.1), uma função inicial qualquer $a(x)$, que determina o formato de uma curva para $t = 0$, evolui no tempo da seguinte maneira: a curva sofre translação da esquerda para a direita com velocidade igual ao valor numérico de u, enquanto sua forma não é alterada.

Esse resultado, chamado **regra do deslocamento**, estabelece uma associação direta entre equações diferenciais na forma (2.1) e o processo evolutivo correspondente, a ser obedecido por suas respectivas soluções. Essa regra é independente da forma da função que descreve o estado do sistema para $t = 0$, sendo assim válida para qualquer condição inicial que acompanhe a equação diferencial em questão.

A interpretação da forma bidimensional dessa equação é análoga. Resolvendo a equação

$$\frac{\partial f}{\partial t} + u\frac{\partial f}{\partial x} + v\frac{\partial f}{\partial y} = 0 \qquad (2.7)$$

para u e v constantes, pelo método das características, obtém-se

$$dt = \frac{dx}{u} = \frac{dy}{v} \qquad (2.8)$$

Nesse caso, existem duas equações características a resolver:

$$dt = \frac{dx}{u} \qquad (2.9)$$

e

$$dt = \frac{dy}{v} \qquad (2.10)$$

A primeira equação fornece $c_1 = x - ut$, enquanto a segunda, $c_2 = y - vt$, de modo que a respectiva solução é uma função arbitrária de ambos os argumentos:

$$f = a(x - ut, y - vt) \qquad (2.11)$$

Nesse caso, a superfície $a(x,y)$ sofre simultaneamente translação da esquerda para a direita com velocidade u e de baixo para cima com velocidade v, enquanto sua forma não é alterada. A superfície se comporta, portanto, como uma mancha de poluente que se propaga apenas por translação em trajetória retilínea.

Quando a velocidade u varia com a coordenada x, a curva sofre translação com velocidades diferentes, de modo que seu formato inicial sofre alterações ao longo do processo evolutivo. Retornando ao caso unidimensional, a equação (2.1) para $u = x$ possui a seguinte equação característica:

$$dt = \frac{dx}{x} \qquad (2.12)$$

Suas respectivas isolinhas são definidas por $c_1 = \ln x - t$, e, portanto, sua solução é dada por

$$f = a(\ln x - t) \qquad (2.13)$$

Essa solução pode ser expressa em uma forma mais conveniente para analisar a evolução da solução obtida:

$$f = b(xe^{-t}) \qquad (2.14)$$

Para expressar a solução como resultado de uma translação temporal, como no caso anterior, essa função pode ser expressa na forma

$$f = a(e^{\ln x - t}) \tag{2.15}$$

Assim, $b(x) = a(\exp(x))$ representa outra função arbitrária de x. A Figura 4 mostra a evolução temporal da solução na forma (2.14) para o mesmo perfil gaussiano empregado nos casos anteriores como estado inicial.

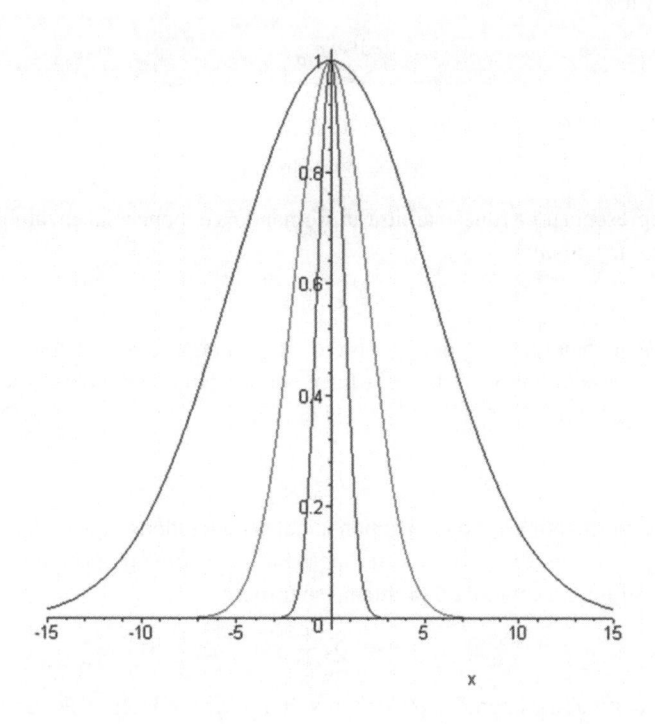

Figura 4 – Evolução temporal da função $f = \exp[-(x \exp(-t))^2]$. Perfis para $t = 0$ (curva interna), $t = 1$ (curva central) e $t = 2$ (curva externa)

O último resultado chama a atenção para o seguinte fato: os modelos (2.1) e (2.7), denominados **equações de Euler**, embora descrevam efeitos puramente translacionais quando u e v são constantes, podem também simular processos difusivos, dependendo da maneira como as componentes do vetor velocidade variam com seus argumentos. A importância dessa conclusão será justificada no Capítulo 3, quando o processo difusivo será estudado com maior profundidade. Para tanto, será introduzido outro método de obtenção de soluções exatas, que, ao contrário do método das características, não se aplica apenas à resolução de equações de primeira ordem. Esse método, baseado no cálculo de exponenciais de operadores, segundo Dattoli et al. (1998) e Dattoli, Gallardo e Torre (1988), será descrito a seguir.

2.1 – Generalização da regra do deslocamento

A regra do deslocamento pode ser generalizada ao resolver equações na forma

$$\frac{\partial f}{\partial t} = Bf \qquad (2.16)$$

onde B representa um operador contendo apenas derivadas espaciais de primeira ordem. A solução formal dessa equação pode ser obtida pelo método clássico de separação e integração direta, no qual B é tratado formalmente como uma constante. Separando variáveis, resulta

$$\frac{\partial f}{f} = B\partial t \qquad (2.17)$$

Integrando ambos os membros, obtém-se

$$\ln f = Bt + \ln g(x) \qquad (2.18)$$

onde $g(x)$ representa uma função arbitrária. Tomando a exponencial em ambos os membros para isolar f, resulta

$$f = e^{Bt} g(x) \qquad (2.19)$$

Nesta equação, a função g define o estado inicial do sistema, enquanto a parte exponencial representa um operador cuja forma explícita pode ser obtida por expansão em série de Taylor:

$$e^{Bt} = \sum_{k=0}^{\infty} \frac{t^k}{k!} B^k \qquad (2.20)$$

Nesta expansão em série para a exponencial do operador tB, as potências de B representam aplicações sucessivas deste operador sobre uma determinada função, de modo que a solução explícita do problema se torna

$$f = \sum_{k=0}^{\infty} \frac{t^k}{k!} B^k g \qquad (2.21)$$

uma vez especificado o operador B. A expressão obtida por integração direta, dada por (2.19), é denominada **solução formal** da equação, por não ter sido considerada a natureza de B durante a obtenção da solução.

Naturalmente, utilizar a própria expansão em série de Taylor para obter a solução explícita nem sempre constitui um procedimento viável do ponto de vista operacional. Em diversos problemas de interesse, é possível avaliar o efeito da exponencial de um operador sobre determinada função sem que para isso seja necessário utilizar expansões em série.

2.2 – Regras para aplicação de exponenciais de operadores

Supondo agora que na equação (2.16) o operador B seja definido como

$$B = c\frac{\partial}{\partial x} \qquad (2.22)$$

onde c é uma constante. Nesse caso, a equação-alvo volta a ser um modelo advectivo, dado por

$$\frac{\partial f}{\partial t} = c\frac{\partial f}{\partial x} \qquad (2.23)$$

e a respectiva solução em série resulta

$$f = f_0 + ct\frac{\partial f_0}{\partial x} + \frac{c^2t^2}{2}\frac{\partial^2 f_0}{\partial x^2} + \cdots = \sum_{k=0}^{\infty}\frac{c^k t^k}{k!}\frac{\partial^k f_0}{\partial x^k} \qquad (2.24)$$

Comparando essa série com a expansão da função $f_0(x + dx)$, definida por

$$f_0(x + dx) = f_0 + dx\frac{\partial f_0}{\partial x} + \frac{(dx)^2}{2}\frac{\partial^2 f_0}{\partial x^2} + \cdots = \sum_{k=0}^{\infty}\frac{(dx)^k}{k!}\frac{\partial^k f_0}{\partial x^k} \qquad (2.25)$$

a constante de deslocamento dx é imediatamente identificada como ct, e portanto a solução resulta

$$f = f_0(x + ct) \qquad (2.26)$$

A equivalência entre as equações (2.25) e (2.26) é crucial para reinterpretar a noção de movimento. Note que, ao truncar a expansão (2.25) no termo de primeira ordem, obtém-se uma aproximação para (2.25) quando o deslocamento dx é pequeno. A Figura 5 mostra esse efeito para $dx = 0{,}2$.

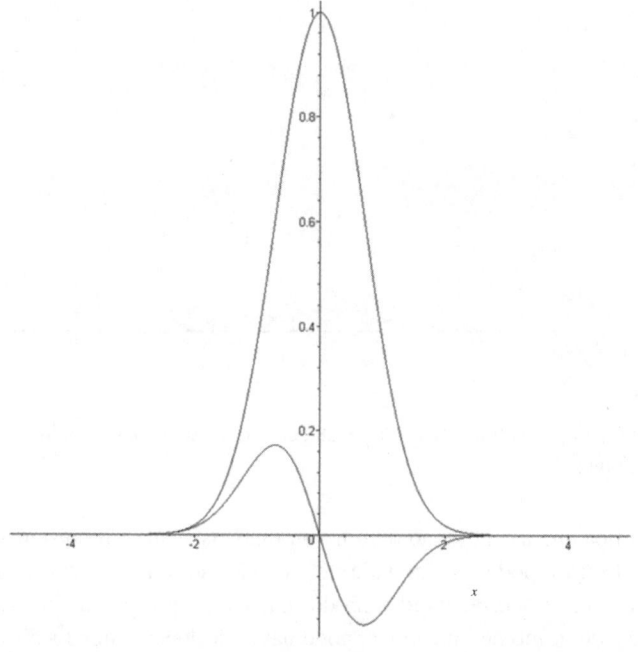

Figura 5 – Gráfico dos dois primeiros termos da série para o estado inicial $f = \exp(-x^2)$, utilizando $dx = 0{,}2$

Para esse valor do incremento, o primeiro termo da série, que representa o próprio estado inicial, predomina sobre o segundo, de maneira que a soma dos termos, mostrada na Figura 6, preserva essencialmente seu formato original. Quando o segundo termo é somado ao primeiro, ocorre uma leve redução na amplitude da função gaussiana para pontos localizados à direita de $x = 0$, pois sua derivada é negativa. Para pontos localizados à esquerda da origem, a amplitude sofre um pequeno aumento, sendo que tanto para a origem quanto para locais distantes de $x = 0$ esse efeito é desprezível. O resultado final fornece a impressão de que houve realmente um deslocamento da função para a esquerda, acompanhado de um pequeno aumento no valor de pico. Os demais termos da série, não considerados até então, efetuam pequenas correções sobre essa deformação, de modo que o efeito final se reduziria apenas ao deslocamento, sem haver qualquer alteração no formato original do primeiro termo.

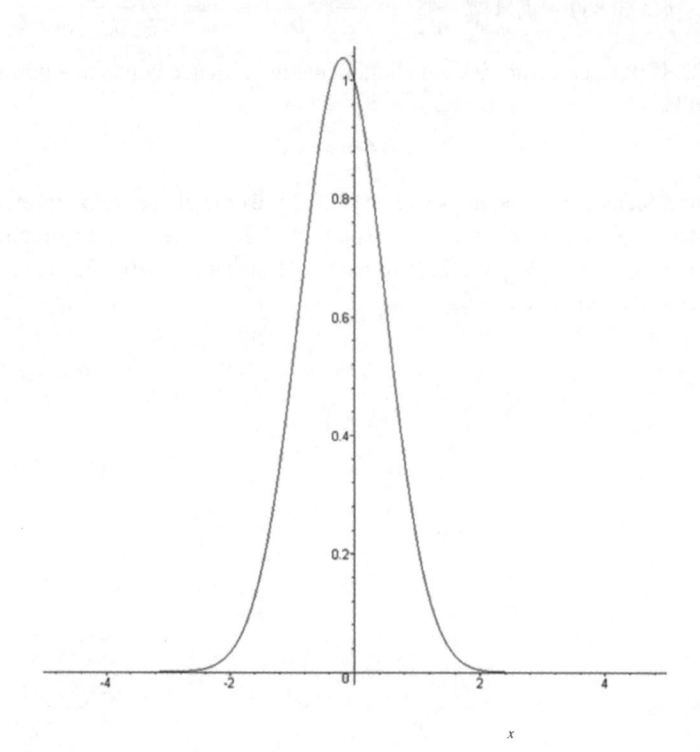

Figura 6 – Soma dos dois primeiros termos da série, que resulta essencialmente no deslocamento do perfil inicial

Isso significa que a translação de uma ou mais partículas, representadas por uma determinada função, pode ser emulada pela adição de termos proporcionais às suas derivadas. Assim, se ocorrer incidência de radiação, representada por funções oscilantes, sobre esse grupo de moléculas, pode haver deslocamentos locais que definem movimentos relativos, dependendo essencialmente da frequência e da fase dessa radiação. Isso ocorre porque essas funções oscilantes podem coincidir localmente com derivadas da função que representa o arranjo molecular correspondente.

Em resumo, a soma de uma função que descreve o estado inicial de um sistema com uma combinação linear de suas próprias derivadas pode produzir tanto efeitos advectivos (translacionais) quanto difusivos. Essa concepção não mecanicista de movimento aparente será explorada ao longo de todo o texto, a fim de fornecer um ponto de vista unificado sobre fenômenos aparentemente não relacionados. Entre esses fenômenos estão o movimento browniano, as mudanças de fase, as variações locais de viscosidade em escoamentos turbulentos, a variação dos coeficientes de difusão com a temperatura, a promoção de mistura causada pela turbulência, a crise do arrasto, as reações químicas e nucleares, assim como todos os eventos que derivam, direta ou indiretamente, de processos em microescala.

A fim de iniciar o estudo que culmina com a elucidação dos fenômenos mencionados, é necessário introduzir uma forma alternativa de obtenção da regra de deslocamento, que pode ser facilmente generalizada para os casos nos quais o coeficiente da derivada é variável, o que não necessariamente é possível por meio do método das características.

Definindo agora o operador B como

$$B = u \frac{\partial}{\partial x} \quad (2.27)$$

onde u é um coeficiente variável conhecido, obtém-se a equação de Euler unidimensional para qualquer campo $u(x)$:

$$\frac{\partial f}{\partial t} = u \frac{\partial f}{\partial x} \quad (2.28)$$

Nesse caso, o argumento da função f pode ser redefinido de modo que se torne possível recair no caso anterior. Reescrevendo a função incógnita na forma

$$f(x, t) = f(x(a), t) \quad (2.29)$$

onde a representa uma função a determinar, o termo relativo à derivada espacial se torna

$$u \frac{\partial f}{\partial x} = \frac{\partial f}{\partial a} \quad (2.30)$$

Assim, a equação-alvo resulta

$$\frac{\partial f}{\partial t} = \frac{\partial f}{\partial a} \quad (2.31)$$

e sua respectiva solução é obtida diretamente pela regra do deslocamento na variável auxiliar:

$$f(x, t) = f_0(x(a + t)) \quad (2.32)$$

A função $a(x)$, por sua vez, pode ser encontrada aplicando a regra da cadeia:

$$u\frac{\partial f}{\partial x} = \frac{\partial f}{\partial a} = \frac{\partial f}{\partial x}\frac{\partial x}{\partial a} \qquad (2.33)$$

A relação entre as funções u e a surge ao comparar os coeficientes da derivada espacial. Uma vez que

$$u = \frac{\partial x}{\partial a} \qquad (2.34)$$

a função $a(x)$ pode ser calculada de imediato:

$$\frac{\partial a}{\partial x} = \frac{1}{u} \xrightarrow{\int(.)dx} a = \int\frac{dx}{u} + c_0 = g(x) \qquad (2.35)$$

Entretanto, a solução dada por (2.32) tem como argumento $x(a+t)$. Assim, não apenas $a(x)$ figura explicitamente na solução obtida, mas também a respectiva função inversa, de modo que o resultado final pode ser expresso como

$$f(x,t) = f_0(g^{-1}(a(x)+t)) \qquad (2.36)$$

Esse deslocamento variável é característico da presença de campos de velocidade variáveis, razão pela qual os termos de primeira ordem nas variáveis espaciais são denominados advectivos, no caso de transferência de massa, ou convectivos, para problemas de transferência de calor. Esses termos são responsáveis pela translação de uma determinada função ao longo de um campo de velocidades.

As regras para aplicação de exponenciais de operadores fornecem, além de certa intuição física sobre a equação-alvo, uma vantagem operacional, por dispensar o emprego da série de Taylor, no intuito de transformar a solução formal de uma equação de primeira ordem em uma expressão em forma fechada. Essas regras podem ser facilmente estendidas para um número arbitrário de variáveis. Como exemplo, a equação de Euler bidimensional, dada por

$$\frac{\partial f}{\partial t} = u\frac{\partial f}{\partial x} + v\frac{\partial f}{\partial y} \qquad (2.37)$$

pode ser expressa na forma

$$\frac{\partial f}{\partial t} = \frac{\partial f}{\partial a} + \frac{\partial f}{\partial b} \qquad (2.38)$$

onde

$$a = \int\frac{dx}{u} + c_0(y) \qquad (2.39)$$

e

$$b = \int\frac{dy}{v} + c_1(x) \qquad (2.40)$$

Nesse caso, a solução da equação resulta

$$f(x,y,t) = f_0(a^{-1}(a(x,y)+t), b^{-1}(b(x,u)+t)) \qquad (2.41)$$

sendo que as inversões das funções a e b são efetuadas, respectivamente, nas variáveis x e y.

Embora tenha sido possível generalizar a regra do deslocamento, o método baseado em soluções formais ainda não constitui um algoritmo prático para a obtenção de soluções exatas para equações diferenciais parciais de primeira ordem, porque exige a avaliação de integrais, seguida da inversão das primitivas resultantes. Entretanto, esse procedimento foi utilizado com o intuito de obter os argumentos da solução (2.41), a fim de analisar seu processo evolutivo. Para $t = 0$, a solução se reduz a $f(x,y)$, que constitui o estado inicial do sistema. Após um determinado intervalo de tempo, as funções a e b são somadas a uma constante, sofrendo translação vertical. Sobre essas funções transladadas são então aplicadas as respectivas funções inversas, de modo que ocorre uma deformação nos argumentos correspondentes. Para exemplificar o argumento, a função $a(x) = \ln x$ é inicialmente transladada de um fator constante t e, em seguida, invertida, produzindo a função $\exp(\ln x + t)$. Para $t = 0$, a função se reduz ao próprio argumento, isto é, resulta simplesmente x. Entretanto, à medida que t aumenta, é produzida uma deformação no argumento x junto à origem, que é atenuada para valores maiores dessa coordenada. Dessa forma, a função que descreve o estado inicial do sistema, isto é, a distribuição inicial de temperaturas ou concentrações, sofre deslocamentos variáveis junto à origem, o que caracteriza claramente um processo difusivo. Para o leitor já familiarizado com modelos de difusão, esse argumento induz a inferir que não são necessários termos de segunda ordem nas equações diferenciais que descrevem o transporte de massa, calor e quantidade de movimento para reproduzir efeitos difusivos. Esse tema será discutido no Capítulo 3, que inicia descrevendo o processo de difusão de massa a partir de mecanismos puramente advectivos.

capítulo 3
Transporte por difusão

O processo de difusão mássica, que consiste na transferência de moléculas de regiões de maior para menor concentração, surge como consequência de uma forma específica de advecção: o movimento decoerente, que será descrito inicialmente de maneira informal. Suponha que várias moléculas se desloquem com a mesma velocidade, de modo que praticamente não exista movimento relativo entre elas. Esse caso define um exemplo de movimento **coerente**. Isso significa que, embora o movimento seja detectável em relação a determinado objeto, como uma placa plana imersa em um escoamento, não existe movimento entre as moléculas que compõem o fluido circulante (ver a Figura 7). A Figura 8 mostra o respectivo campo de velocidades, no qual está indicado o sentido do fluxo.

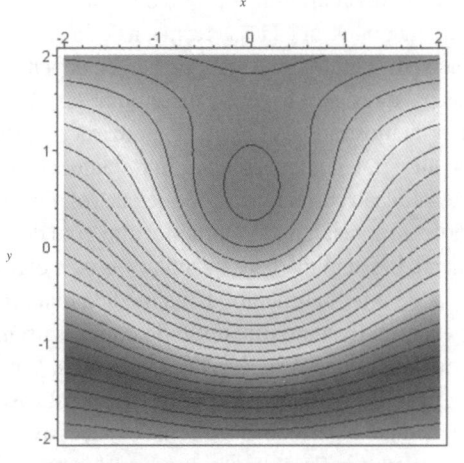

Figura 7 – Isolinhas de função corrente para movimento coerente

Naturalmente, essa situação não existe na prática, uma vez que nas vizinhanças de um corpo submerso podem ocorrer colisões entre as moléculas do fluido e do obstáculo, provocando mudanças em sua direção e velocidade de propagação. Essas mudanças podem ocasionar novas colisões com moléculas oriundas da corrente principal, produzindo movimento **decoerente** (Figuras 9 e 10). Existem, portanto, diferentes graus de coerência em um campo de escoamento, dependendo da presença de interfaces sólidas ou moléculas que sofrem desvio de sua direção principal de propagação.

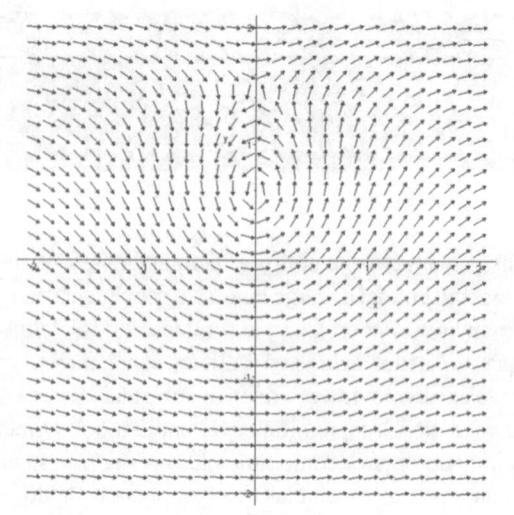

Figura 8 – Campo vetorial associado às isolinhas da Figura 7

Nesse ponto, o leitor poderia argumentar que a Figura 9 também apresenta movimento coerente, mas em menor escala. Dessa forma, a definição de movimento coerente se torna aparentemente sem sentido, uma vez que parece depender apenas da escala de observação. Em outras palavras, se a Figura 9 fosse omitida, a baixa resolução espacial do mapa de campo vetorial mostrado na Figura 10 induziria a concluir que o movimento correspondente possui alto grau de decoerência. Entretanto, ao analisar o mapa de curvas de nível da respectiva função corrente, percebe-se que o campo de velocidades é composto de pequenos vórtices, apresentando, portanto, alto grau de coerência local. Surge então uma questão crucial. Existem medidas quantitativas para definir de forma mais precisa o grau de coerência de um movimento? Uma medida quantitativa do grau de coerência é o chamado **percurso livre médio**, definido como a distância típica percorrida por uma molécula entre duas colisões sucessivas. Outra medida utilizada para avaliar o grau de coerência é o **período transcorrido entre duas colisões sucessivas**. Quanto maior o percurso livre médio e o período entre colisões sucessivas, maior o grau de coerência do respectivo movimento. Será mostrado a seguir que o coeficiente de difusão mássica pode ser relacionado a essas duas medidas quando o processo de transporte de massa por advecção é analisado em escala molecular.

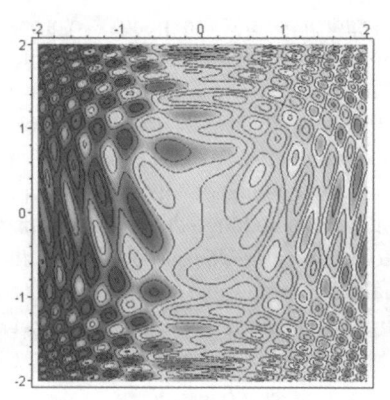

Figura 9 – Isolinhas de função corrente para movimento decoerente

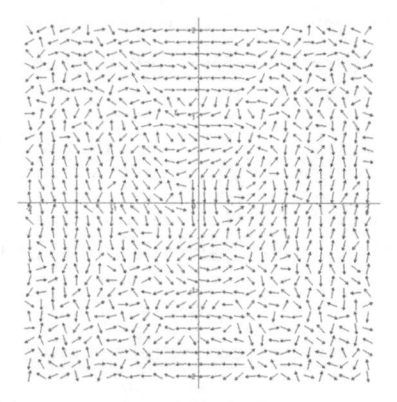

Figura 10 – Campo vetorial correspondente à Figura 9

3.1 – A origem do processo de difusão mássica

A análise do comportamento de populações de moléculas fornece diversas informações sobre propriedades coletivas mensuráveis em macroescala, de acordo com Murrel e Bosanac (1992). Em particular, foi mostrado no capítulo anterior que, com base em uma equação puramente advectiva na forma

$$\frac{\partial f}{\partial t} + u \frac{\partial f}{\partial x} = 0 \qquad (3.1)$$

é possível reproduzir processos difusivos, dependendo da forma pela qual a velocidade varia com seus argumentos. De fato, em escala molecular não pode haver difusão de massa, uma vez que uma única molécula não pode ser pulverizada em fragmentos infinitesimais e então espargida a partir de um ponto. No processo chamado difusivo, cada molécula se desloca em uma determinada direção, caracterizando um movimento altamente decoerente. Em macroescala, esse processo corresponde à propagação de uma gota de corante colocada no interior de um aquário contendo água. Nesse caso, parece haver uma mancha contínua que se dilui, expandindo a partir de um ponto central.

Na tentativa de conciliar os pontos de vista macroscópico e microscópico, a equação (3.1) pode sofrer integração ao longo de um determinado intervalo, a fim de emular a perda de resolução no processo de passagem para uma escala maior de observação do fenômeno. Inicialmente, a equação será integrada ao longo de um percurso livre médio, a fim de investigar a estrutura dos termos resultantes e estabelecer uma conexão direta entre advecção e difusão de massa. Integrando (3.1) em relação a x, resulta

$$\int_0^l \frac{\partial f}{\partial t} + u\frac{\partial f}{\partial x}\,dx = 0 \qquad (3.2)$$

onde l é o percurso livre médio das moléculas. A integração do primeiro termo produz

$$\int_0^l \frac{\partial f}{\partial t}\,dx = \frac{\partial \int_0^l f\,dx}{\partial t} = \frac{\partial C}{\partial t} \qquad (3.3)$$

Nesta equação, C representa um valor acumulado da função f, que corresponde a uma medida da concentração média do corante ao longo do intervalo $[0,l]$. O segundo termo pode ser integrado por partes:

$$\int_0^l u\frac{\partial f}{\partial x}\,dx = \left(\int_0^l u\,dx\right)\frac{\partial f}{\partial x} - \int_0^l\left[\left(\int_0^l u\,dx\right)\frac{\partial^2 f}{\partial x^2}\,dx\right] \qquad (3.4)$$

Uma vez que entre duas colisões sucessivas a velocidade média de uma molécula é o próprio quociente entre a distância percorrida e o respectivo tempo transcorrido,

$$\left(\int_0^l u\,dx\right) = \frac{l}{\tau} \qquad (3.5a)$$

e

$$\left(\int_0^l u\,dx\right) = \frac{x}{t} \qquad (3.5b)$$

Substituindo os resultados obtidos em (3.4), resulta

$$\int_0^l u\frac{\partial f}{\partial x}\,dx = \frac{l}{t}\frac{\partial f}{\partial x} - \int_0^l \frac{x}{t}\frac{\partial^2 f}{\partial x^2}\,dx \qquad (3.6)$$

O último termo pode ser novamente integrado por partes, resultando

$$\int_0^l \frac{x}{t}\frac{\partial^2 f}{\partial x^2}\,dx = \left(\int_0^l \frac{x}{\tau}\,dx\right)\frac{\partial^2 f}{\partial x^2} - \int_0^l \left(\int \frac{x}{t}\,dx\right)\frac{\partial^3 f}{\partial x^3}\,dx \qquad (3.7)$$

ou

$$\int_0^l \frac{x}{t}\frac{\partial^2 f}{\partial x^2}\,dx = \left(\int_0^l \frac{x}{t}\,dx\right)\frac{\partial^2 f}{\partial x^2} - \int_0^l \frac{x^2}{2t}\frac{\partial^3 f}{\partial x^3}\,dx \qquad (3.8)$$

O termo entre parênteses na equação (3.8) vale

$$\left(\int_0^l \frac{x}{t}\,dx\right) = \left[\frac{x^2}{2t}\right]_0^l = \frac{l^2}{2\tau} \qquad (3.9)$$

enquanto o último termo pode sofrer nova integração por partes:

$$\int_0^l \frac{x^2}{2t}\frac{\partial^3 f}{\partial x^3}\,dx = \left(\int_0^l \frac{x^2}{2t}\,dx\right)\frac{\partial^3 f}{\partial x^3} - \int_0^l \left(\int \frac{x^3}{6t}\,dx\right)\frac{\partial^4 f}{\partial x^4}\,dx \qquad (3.10)$$

O processo se repete, produzindo uma definição em série para o segundo termo da equação (3.2):

$$\int_0^l u\,\frac{\partial f}{\partial x}\,dx = \frac{l}{\tau}\frac{\partial f}{\partial x} - \frac{l^2}{2\tau}\frac{\partial^2 f}{\partial x^2} + \frac{l^3}{6\tau}\frac{\partial^3 f}{\partial x^3} - \cdots = \sum_1^\infty (-1)^{k-1}\frac{l^k}{k!\tau}\frac{\partial^k f}{\partial x^k} \qquad (3.11)$$

Uma vez que, nessa escala de observação, as funções f e C são essencialmente as mesmas, a integração da equação (3.1) resulta

$$\frac{\partial C}{\partial t} + \sum_1^\infty (-1)^{k-1}\frac{l^k}{k!\tau}\frac{\partial^k c}{\partial x^k} = 0 \qquad (3.12)$$

Quanto menor o valor do percurso livre médio, menor é o grau de coerência do movimento correspondente e, portanto, menor é o número de termos da série que produzem contribuições significativas para o valor total da soma correspondente. Em outras palavras, a taxa de convergência da série aumenta com a decoerência do movimento. No caso da propagação de poluentes em meio aquático, onde o percurso livre médio é bastante reduzido, o modelo pode sofrer truncamento no termo de segunda ordem, produzindo

$$\frac{\partial C}{\partial t} + \frac{l}{\tau}\frac{\partial C}{\partial x} - \frac{l^2}{2\tau}\frac{\partial^2 C}{\partial x^2} \cong 0 \qquad (3.13)$$

Comparando com a forma unidimensional da equação (3.10), os coeficientes das derivadas de primeira e segunda ordem em relação a x são identificados, respectivamente, como a velocidade média do escoamento e o coeficiente de difusão, de acordo com Reichl (1980):

$$u = \frac{l}{\tau},\; D = \frac{l^2}{2\tau} \qquad (3.14)$$

No caso da velocidade média, a definição é essencialmente a do movimento retilíneo uniforme, uma vez que é avaliada entre duas colisões sucessivas. No caso do coeficiente de difusão, a interpretação para a respectiva definição ainda é relativamente simples. Retomando o exemplo da gota de corante, suponha que esta tenha sido colocada no centro de um aquário cheio de água. À medida que o tempo passa, a mancha cresce como uma esfera na qual a concentração periférica é sempre menor do que nos pontos mais próximos do centro. Imaginando uma frente de propagação de massa com o formato de uma casca esférica, pode ser definida a taxa instantânea de crescimento dessa superfície como a variação de sua área por unidade de tempo. Essa taxa de expansão da mancha pode ser interpretada como o valor local do respectivo coeficiente de difusão isotrópica, isto é, onde o poluente se propaga de maneira uniforme em todas as direções. Dessa forma, a equação advectivo-difusiva, dada por

$$\frac{\partial C}{\partial t} + u\frac{\partial C}{\partial x} - D\frac{\partial^2 C}{\partial x^2} = 0 \tag{3.15}$$

quando aplicada a um cenário de propagação de poluentes, informa que existem dois mecanismos capazes de provocar variações temporais no valor local da concentração: a advecção, associada ao termo de primeira ordem na variável espacial e a difusão isotrópica, associada ao termo de segunda ordem. O modelo puramente advectivo foi abordado no capítulo anterior, sendo identificado como o responsável pelo mecanismo de translação através da correnteza. O mecanismo evolutivo associado ao modelo puramente difusivo, definido como

$$\frac{\partial C}{\partial t} - D\frac{\partial^2 C}{\partial x^2} = 0 \tag{3.16}$$

será agora analisado do ponto de vista geométrico. A derivada segunda em relação a x representa a concavidade (curvatura) local da função que descreve o perfil de concentrações. Assim, o modelo difusivo informa que o valor da concentração varia com o tempo proporcionalmente à concavidade local. Como o coeficiente de difusão é sempre positivo, a concentração diminui com o tempo junto a pontos de máximo local, onde a concavidade é negativa, enquanto aumenta junto a mínimos locais, onde a concavidade é positiva. Assim, o processo evolutivo produzido pelo termo difusivo consiste em reduzir a amplitude dos máximos e mínimos locais ao longo do tempo. Esse processo dinâmico é chamado **regularizador**, porque tende a eliminar oscilações da função que define o perfil de concentração, tornando-o gradualmente menos oscilante ao longo do tempo. No caso específico de um perfil gaussiano, o valor de pico da concentração tende a diminuir com o tempo, tornando a curva cada vez mais dispersa à medida que o tempo passa. Esse mecanismo está diretamente associado à diluição do poluente.

As conclusões obtidas podem ser resumidas da seguinte forma: ao aplicar uma operação de *zoom out* sobre o processo de advecção em microescala, surgem novos termos na equação diferencial advectiva, responsáveis por um mecanismo de transporte adicional. Esse mecanismo é identificado em escala macroscópica como difusão, resultado obtido de maneira relativamente informal e intuitiva, que pode agora ser explorado de forma progressivamente mais rigorosa.

3.2 – A lei de Fick e o movimento browniano

Uma vez que o modelo puramente advectivo (3.1) é também capaz de descrever processos difusivos, parece razoável supor que existam soluções puramente difusivas para essa equação. Considerando que a equação (3.1) pode ser expressa na forma de um sistema não homogêneo, definido como

$$\frac{\partial f}{\partial t} = -Q \tag{3.17a}$$

$$u \frac{\partial f}{\partial x} = Q \qquad (3.17b)$$

basta encontrar uma função fonte Q adequada para que a solução correspondente obedeça a uma dinâmica puramente difusiva. Entretanto, não é necessário impor a forma da função fonte; basta prescrever uma restrição diferencial fisicamente plausível, e uma fonte apropriada surgirá naturalmente. Como exemplo, se a equação (3.17a) representar um modelo cinético de primeira ordem, tipicamente utilizado para descrever transientes em geral, a função fonte se torna $Q = kf$, onde k é um parâmetro a determinar. Nesse caso, a solução da equação (3.17) resulta

$$f = a(x) e^{-kt} \qquad (3.18)$$

Nesta equação, $a(x)$ representa uma função arbitrária. Para que o argumento da exponencial seja adimensional, a constante k deve possuir unidade de tempo^{-1}, de modo que pode ser relacionada ao período transcorrido entre duas colisões sucessivas. Definindo k como c_1/τ onde c_1 é um parâmetro adimensional, a solução obtida resulta

$$f = a(x) e^{c_1 \frac{t}{\tau}} \qquad (3.19)$$

e possui o seguinte significado: como o quociente t/τ representa o número médio de colisões ocorridas durante o período de tempo t, o fator de amortecimento exponencial faz que qualquer perturbação capaz de gerar focos de concentração passe a ser amortecida após um número suficiente de colisões. Em outras palavras, retomando o problema do corante, uma gota de tinta colocada na água deve produzir uma mistura homogênea com a água após certo número de colisões ocorridas, formando um único tom que passa a não mais se alterar ao longo do tempo. Esse estado, chamado **estacionário,** só pode ser detectado em escala macroscópica, uma vez que em escala molecular o movimento decoerente continua ocorrendo, isto é, moléculas do corante migram entre regiões de concentração similar, produzindo flutuações não detectáveis em macroescala.

Uma vez convertida a equação (3.17a) em um modelo de decaimento, a equação (3.17b) se torna

$$u \frac{\partial f}{\partial x} = kf = \frac{c_1}{\tau} f \qquad (3.20)$$

Quando o valor numérico do parâmetro c_1 é especificado, esse modelo se reduz à lei de Fick:

$$D \frac{\partial f}{\partial x} = uf \qquad (3.21)$$

De fato, uma vez que $u = l/\tau$ e $D = l^2/2\tau$, a equação (3.21) pode ser expressa como

$$\frac{l^2}{2\tau} \frac{\partial f}{\partial x} = \frac{l}{\tau} f \qquad (3.22)$$

ou

$$\frac{l}{2} \frac{\partial f}{\partial x} = f \qquad (3.23)$$

Como o coeficiente da derivada primeira em (3.23) é igual a D/u, que é igual a $l/2$, basta reescrever a equação (3.20) na forma

$$\frac{\tau u}{c_1} \frac{\partial f}{\partial x} = f \qquad (3.24)$$

e comparar os respectivos coeficientes, a fim de especificar o parâmetro c_1:

$$\frac{\tau u}{c_1} = \frac{l}{2} \qquad (3.25)$$

Como $u = l/\tau$, a equação (3.25) fornece $c_1 = l/2$.

Neste ponto, é importante rever um comentário anterior, relativo a estados estacionários, que não foi ainda devidamente explorado. Foi mencionado que o regime estacionário só existe como impressão produzida em escala macroscópica, porque o movimento decoerente em microescala continua ocorrendo mesmo após a formação de uma mistura homogênea. Essa observação é consistente com a própria existência do estado líquido, no qual as moléculas possuem movimento translacional, mesmo em um meio considerado macroscopicamente homogêneo e estagnado. Contudo, existe ainda um ponto fundamental a esclarecer: a origem desse movimento. Ao imaginar qual seria a força motriz que produz esse movimento decoerente em microescala, chamado **movimento browniano**, basta observar que tal movimento translacional simplesmente não pode existir abaixo da temperatura de fusão das substâncias que compõem o meio. Na fase sólida, existem apenas deslocamentos de pequena amplitude, que caracterizam os graus de liberdade vibracional e rotacional para pequenos ângulos. Esses movimentos preservam as ligações intermoleculares, ao contrário do que ocorre no estado líquido, onde essas ligações são rompidas e formadas alternadamente ao longo do campo de escoamento.

Uma vez reconhecida a influência da temperatura sobre a ocorrência do movimento browniano, resta ainda uma dúvida quanto ao papel que esta exerce como força motriz. Em outras palavras, não basta simplesmente afirmar que o calor é uma forma de movimento. É necessário elucidar o mecanismo segundo o qual a energia térmica coloca as moléculas em movimento translacional decoerente.

3.3 – Calor e movimento

A fim de descrever o mecanismo a partir do qual a energia térmica produz movimento, é preciso compreender os conceitos de calor e temperatura. Calor, ou energia térmica, é uma forma de radiação eletromagnética cuja frequência é muito baixa quando comparada às bandas de luz visível, ultravioleta e raios gama, citadas em ordem crescente de frequência. Já a temperatura é uma medida relativamente grosseira da composição do espectro da radiação. Quanto maior a quantidade de radiação de alta frequência, maior o valor da temperatura correspondente. Como exemplo, na radiação emitida pelo sol predominam bandas de altíssima frequência, como raios cósmicos, cuja frequência é da ordem de 10^{22} Hz, e raios gama, na faixa dos 10^{20} Hz. Essas radiações correspondem a temperaturas de milhares de graus centígrados. Quando essa radiação atinge a atmosfera terrestre, ocorre um fenômeno denominado **espalhamento**. A radiação de alta frequência é absorvida pelas moléculas presentes na atmosfera, sendo incorporada às suas nuvens eletrônicas. Após um pequeno intervalo de tempo, essas moléculas alteradas emitem uma radiação cuja frequência é mais baixa do que a do feixe incidente. O processo se repete até que a radiação residual atinja a superfície terrestre. Nessa radiação espalhada predominam bandas de ultravioleta (10^{14} a 10^{16} Hz), luz visível e infravermelho (abaixo de 10^{11} Hz). Essa composição de baixas frequências corresponde à faixa de temperatura ambiente, que se situa tipicamente entre -10 °C e 30 °C.

Com base nesse argumento, a maneira pela qual a energia térmica produz movimento translacional pode ser facilmente esclarecida. Quando a radiação atinge uma determinada molécula, sua nuvem eletrônica a incorpora, de modo que a eletrosfera individual de cada átomo se torna mais volumosa e, portanto, mais autossuficiente em termos de blindagem. Assim, cada átomo passa a necessitar menos da eletrosfera do respectivo vizinho, o que provoca um pequeno afastamento mútuo. Esse afastamento acompanha o enfraquecimento das ligações interatômicas (ver Figuras 11 e 12). Por essa razão, os estados esboçados nessas figuras são denominados, respectivamente, ligante e antiligante. Quanto maior a frequência da radiação incidente sobre a molécula, mais pronunciado o caráter antiligante da respectiva nuvem eletrônica alterada.

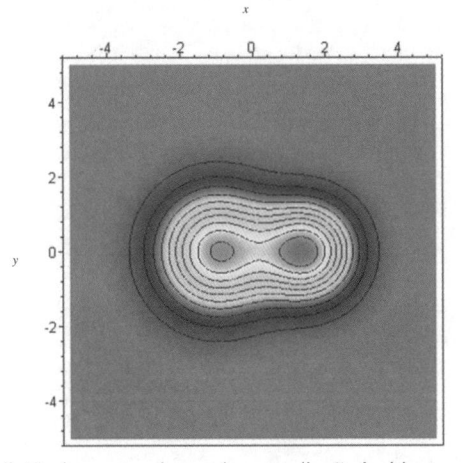

Figura 11 – Molécula diatômica antes de receber a radiação incidente

Essa mudança de estado produz o seguinte efeito sobre uma população de moléculas: quando a radiação incide sobre duas moléculas vizinhas, fazendo-as atingir estados mais antiligantes, o alcance de ambas as nuvens eletrônicas se torna maior. Esse aumento nos volumes das nuvens provoca a repulsão entre as moléculas, que representa a força motriz básica do movimento browniano. Uma vez que em escala molecular não pode haver dissipação de energia, esse impulso inicial não sofre amortecimento. Em resumo, a energia térmica promove o movimento translacional pelo aumento do alcance das forças repulsivas entre eletrosferas, isto é, as moléculas são postas em movimento pela repulsão eletromagnética. Esse tópico será retomado nos capítulos finais, que estabelecem importantes conexões entre fenômenos de transporte e eletromagnetismo.

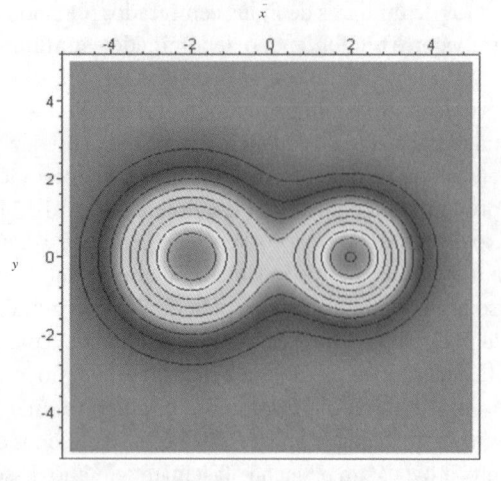

Figura 12 – Molécula diatômica depois de receber a radiação incidente

Por ora, o objetivo imediato dos próximos capítulos consiste em formular métodos para a resolução das equações advectivo-difusivas, com base nos fundamentos fornecidos até então.

capítulo 4
Equações advectivo-difusivas

Os processos de transferência de calor, massa e quantidade de movimento são regidos por equações diferenciais denominadas advectivo-difusivas, que possuem a seguinte estrutura básica:

$$\frac{\partial f}{\partial t} + u\frac{\partial f}{\partial x} + v\frac{\partial f}{\partial y} - D\left(\frac{\partial^2 f}{\partial x^2} + \frac{\partial^2 f}{\partial y^2}\right) = 0 \quad (4.1)$$

Nesta equação, quando a função f representa a temperatura, o modelo descreve a transferência de calor; quando f representa a vorticidade, o modelo descreve escoamentos de fluidos viscosos. Vamos iniciar o estudo das equações advectivo-difusivas pelo caso no qual f representa a concentração de uma determinada substância. Nessa aplicação específica, o modelo descreve o processo de transferência de massa, que será exemplificado de forma bastante concreta por um problema de real interesse em engenharia: a propagação de poluentes em rios e lagos.

4.1 – Propagação de poluentes em corpos hídricos

Os problemas de maior interesse em poluição aquática são divididos em dois conjuntos de cenários típicos de dispersão de poluentes. O primeiro conjunto de cenários descreve problemas de deriva de mancha, isto é, cenários transientes nos quais um despejo instantâneo é efetuado em um determinado local do corpo hídrico, produzindo uma mancha, que é transportada pela correnteza enquanto se dilui. Essa mancha sofre simultaneamente advecção e difusão, podendo eventualmente sofrer também degradação, evaporação ou precipitação.

O segundo conjunto de cenários é descrito por problemas tipicamente estacionários nos quais dutos de esgoto e de transporte de substâncias químicas efetuam o lançamento de carga contínua num determinado local do corpo hídrico, produzindo uma pluma.

Em ambos os casos faz-se necessário que as soluções da equação advectivo-difusiva contenham apenas uma função arbitrária de um argumento específico. Isso ocorre porque é preciso especificar a função que descreve as curvas de nível de concentração, que definem o formato da pluma ou da mancha. Nesses cenários, a equação advectivo-difusiva está sujeita a duas condições de contorno, sendo que apenas uma delas realmente especifica a forma das isolinhas de concentração.

Uma das condições de contorno é classificada como **condição de primeira espécie**, uma restrição na qual a função que define a concentração é simplesmente prescrita na fronteira. Essa condição descreve a conformação aproximada de um despejo instantâneo, no caso de cenários envolvendo acidentes com cargas tóxicas, ou a conformação da seção transversal da pluma que descreve um lançamento contínuo para problemas em regime estacionário. Essa condição de contorno particulariza a função arbitrária presente na solução.

A segunda condição de contorno especifica o mecanismo de propagação do poluente junto às margens do corpo hídrico. Essas condições são de **segunda ou terceira espécie**, que consistem, respectivamente, na prescrição de uma derivada normal nula ou proporcional à própria concentração. O tipo de condição de contorno depende do respectivo tipo de litoral considerado (rochoso ou arenoso) e especifica apenas constantes arbitrárias que eventualmente figuram na solução obtida.

A equação advectivo-difusiva bidimensional em regime transiente para poluentes não conservativos é dada, em coordenadas cartesianas, por

$$\frac{\partial C}{\partial t} + u\frac{\partial C}{\partial x} + v\frac{\partial C}{\partial y} - D\left(\frac{\partial^2 C}{\partial x^2} + \frac{\partial^2 C}{\partial y^2}\right) + kC = 0 \qquad (4.2)$$

Para o caso no qual o campo de velocidades não varia significativamente com o tempo, o único efeito transiente sobre a distribuição de concentrações se deve à cinética de degradação, evaporação, sedimentação ou à redissolução do componente. Desse modo, a equação pode ser reescrita como um sistema de duas equações diferenciais que regem, respectivamente, a cinética e o transporte advectivo-difusivo:

$$\frac{\partial C}{\partial t} + kC = 0 \qquad (4.3)$$

$$u\frac{\partial C}{\partial x} + v\frac{\partial C}{\partial y} - D\left(\frac{\partial^2 C}{\partial x^2} + \frac{\partial^2 C}{\partial y^2}\right) = 0 \qquad (4.4)$$

A primeira equação do sistema pode ser resolvida via separação de variáveis e integração direta, enquanto a segunda sofrerá um processo de redução de ordem, já introduzido em capítulos anteriores.

Para resolver a primeira equação do sistema, basta efetuar uma separação de variáveis,

$$\frac{\partial C}{C} = -k\partial t \qquad (4.5)$$

Integrando ambos os membros, resulta

$$\ln C = -kt + \ln g(x,y) \qquad (4.6)$$

onde $g(x,y)$ é uma função arbitrária. Exponenciando ambos os membros, resulta

$$C = g(x,y)e^{-kt} \qquad (4.7)$$

A função $g(x,y)$, por sua vez, é solução exata da segunda equação do sistema. De fato, substituindo 4.7 em 4.4, resulta

$$\left[u\frac{\partial g}{\partial x} + v\frac{\partial g}{\partial y} - D\left(\frac{\partial^2 g}{\partial x^2} + \frac{\partial^2 g}{\partial y^2}\right)\right]e^{-kt} = 0 \qquad (4.8)$$

Uma vez que a exponencial presente na equação (4.8) não pode ser nula, o conteúdo entre colchetes deve ser igual a zero:

$$u\frac{\partial g}{\partial x} + v\frac{\partial g}{\partial y} - D\left(\frac{\partial^2 g}{\partial x^2} + \frac{\partial^2 g}{\partial y^2}\right) = 0 \qquad (4.9)$$

Resta, portanto, encontrar soluções exatas para a respectiva equação em regime estacionário, dada por

$$u\frac{\partial C}{\partial x} + v\frac{\partial C}{\partial y} - D\left(\frac{\partial^2 C}{\partial x^2} + \frac{\partial^2 C}{\partial y^2}\right) = 0 \qquad (4.10)$$

O método apresentado baseia-se na generalização do processo de fatoração visto no Capítulo 1, que resulta na obtenção de duas equações diferenciais de primeira ordem. Esse método visa inicialmente contornar uma séria dificuldade do ponto de vista operacional, relacionada com formulações numéricas. Embora os métodos numéricos sejam extremamente versáteis quanto às possíveis aplicações, segundo vários autores,[1] ainda apresentam um inconveniente. Esses métodos demandam grande esforço computacional e, em particular, tempo de processamento excessivamente elevado. Em suma, a obtenção de formas fatoradas visa à obtenção de soluções analíticas, a fim de evitar a discretização do domínio em malha fina, razão pela qual os métodos numéricos são computacionalmente dispendiosos.

O primeiro passo na obtenção da forma fatorada consiste na decomposição em um sistema de equações de primeira ordem:

$$D\frac{\partial C}{\partial x} = g(x,y,u,v,C) \qquad (4.11)$$

$$D\frac{\partial C}{\partial y} = h(x,y,u,v,C) \qquad (4.12)$$

Derivando a equação (4.11) em relação a x e utilizando a regra da cadeia, resulta

$$D\frac{\partial^2 C}{\partial x^2} = g_x + g_c\frac{\partial C}{\partial x} + g_u\frac{\partial u}{\partial x} + g_v\frac{\partial v}{\partial x} \qquad (4.13)$$

Derivando a equação (4.12) em relação a y, resulta

$$D\frac{\partial^2 C}{\partial y^2} = h_y + h_c\frac{\partial C}{\partial y} + h_u\frac{\partial u}{\partial y} + h_v\frac{\partial v}{\partial y} \qquad (4.14)$$

As equações (4.13) e (4.14) utilizam diferentes notações para as derivadas parciais de C, g e h a fim de facilitar a identificação dos coeficientes da equação-alvo via comparação direta. Somando as equações resultantes, obtém-se

$$D\left(\frac{\partial^2 C}{\partial x^2} + \frac{\partial^2 C}{\partial y^2}\right) = g_x + g_c\frac{\partial C}{\partial x} + g_u\frac{\partial u}{\partial x} + g_v\frac{\partial v}{\partial x} + h_y + h_c\frac{\partial C}{\partial y} + h_u\frac{\partial u}{\partial y} + h_v\frac{\partial v}{\partial y} \qquad (4.15)$$

---

[1] Greenspan e Casulli (1988); Carnaham (1990); Ortega e Pode (1981); Reali, Rangogni e Pennati (1984); e Maliska (1995).

Comparando o resultado obtido com a equação-alvo (4.10), obtêm-se

$$g_c = u \quad (4.16)$$
$$g_u = C \quad (4.17)$$
$$h_c = v \quad (4.18)$$

e

$$h_c = C \quad (4.19)$$

Os termos restantes devem se anular mutuamente, de modo que

$$g_x + h_y = 0 \quad (4.20)$$

e

$$h_u \frac{\partial u}{\partial y} + g_v \frac{\partial v}{\partial y} = 0 \quad (4.21)$$

As últimas duas equações são identicamente satisfeitas quando as respectivas derivadas parciais se anulam individualmente. Assim, a equação advectivo-difusiva é obtida a partir de uma redução de ordem para a qual as funções g e h são dadas por

$$g = uC + a(x,y) \quad (4.22)$$

e

$$h = vC + b(x,y) \quad (4.23)$$

e, portanto,

$$DC_x = uC + a(x,y) \quad (4.24a)$$
$$DC_y = vC + b(x,y) \quad (4.24b)$$

Resta agora verificar se as formas fatoradas particularizam o espaço de soluções em algum sentido, a fim de identificar eventuais limitações resultantes do sistema formado pelas equações auxiliares. Derivando agora a equação (4.24a) em y, resulta

$$C_{xy} = u_y C + uC_y + A_y \quad (4.25)$$

Derivando a equação (4.24b) em relação a x, resulta

$$C_{xy} = u_x C + uC_x + B_x \quad (4.26)$$

Subtraindo as equações resultantes, obtém-se

$$u_y C + uC_y + a_y - v_x C - vC_x - b = 0 \quad (4.27)$$

Reagrupando termos, resulta

$$(u_y - v_x)C + uC_y - vC_x + a_y + b_x = 0 \quad (4.28)$$

Fazendo as substituições

$$C_x = \frac{uC + a(x, y)}{D} \quad (4.29)$$

e

$$C_y = \frac{vC + b(x, y)}{D} \quad (4.30)$$

obtém-se

$$(u_y - v_x)C + u\frac{(vC + b)}{D} - v\frac{(uC + a)}{D} + a_y + b_x = 0 \quad (4.31)$$

Cancelando termos comuns e escolhendo

$$a = Df_y \quad (4.32)$$

e

$$b = -Df_x \quad (4.33)$$

resulta na própria equação-alvo, expressa em termos da função f, acrescida de um termo extra:

$$uf_x + vf_y + D(f_{xx} + f_{yy}) + (u_y - v_x)C = 0 \quad (4.34)$$

A fim de obter a mesma equação-alvo para a função f, os termos que multiplicam C na equação (4.34) devem se anular mutuamente:

$$v_x - u_y = 0 \quad (4.35)$$

Essa condição restritiva implica o fato de o escoamento resultar invíscido, uma vez que

$$w = v_x - u_y = 0 \quad (4.36)$$

Nesta equação, w é a componente z do vetor vorticidade. Essa condição, entretanto, não constitui uma restrição severa para a grande maioria das aplicações práticas, uma vez que a dimensão característica do domínio em estudo (rios, lagos e corpos hídricos em geral) corresponde a várias ordens de grandeza superior à dimensão característica da respectiva camada limite hidrodinâmica. Em outras palavras, os efeitos viscosos decorrentes tanto do desenvolvimento quanto do descolamento da camada limite hidrodinâmica não são detectáveis na escala de observação característica do problema proposto.

4.2 – Resolução do sistema de equações de primeira ordem

Como mencionado anteriormente, as equações 4.11 e 4.12 constituem um par de **restrições diferenciais**, isto é, equações diferenciais auxiliares que restringem o conjunto de soluções da equação-alvo em sua forma original. No caso da equação advectivo-difusiva, essas restrições diferenciais têm a forma de leis de Fick generalizadas:

$$DC_x = uC + Df_y \quad (4.37)$$

e

$$DC_y = vC - Df_x \quad (4.38)$$

Esse sistema pode ser resolvido da seguinte forma: uma vez obtida a função f, ou seja, ao menos uma solução particular da equação 4.10, torna-se possível resolver o sistema formado pelas equações (4.37) e (4.38), encontrando a função $C(x,y)$. A princípio, poderia ser empregado um processo iterativo, no qual sucessivas soluções exatas fossem substituídas no lugar das funções fonte nas equações (4.37) e (4.38). Assim, a cada iteração, uma nova solução poderia ser obtida e novamente substituída nas funções fonte. Entretanto, como as equações auxiliar e alvo são as mesmas, o processo iterativo pode ser evitado, lembrando que a função $C(x,y)$ pode ser substituída no lugar da função f, de maneira que o sistema formado pelas equações (4.37) e (4.38) produziria a respectiva solução invariante. Assim, as restrições diferenciais podem ser reescritas como

$$DC_x = uC + DC_y \tag{4.39}$$

e

$$DC_y = vC + DC_x \tag{4.40}$$

O processo de resolução desse sistema é imediato. Isolando DC_y na equação (4.39), obtém-se

$$DC_y = DC_x - uC \tag{4.41}$$

Substituindo o resultado obtido na equação (4.40), as derivadas em relação a y são eliminadas:

$$2DC_x - (u + v)C = 0 \tag{4.42}$$

Esta equação pode ser resolvida por integração direta, resultando

$$C = g(y)e^{\frac{1}{2D}\int(u + v)dx} \tag{4.43}$$

onde $g(y)$ é uma função arbitrária. A distribuição de concentrações assim obtida pode ser expressa em termos da função corrente e do potencial velocidade, a fim de evitar o cálculo da integral presente na equação (4.42). Lembrando que

$$u = \frac{\partial \phi}{\partial x} \tag{4.44}$$

e

$$u = -\frac{\partial \Psi}{\partial x} \tag{4.45}$$

a solução dada pela equação (4.42) pode ser expressa na forma

$$C = g(y)e^{\frac{\phi-\Psi}{2D}} \tag{4.46}$$

Assim, a distribuição de concentrações pode ser obtida diretamente por meio de grandezas que definem o escoamento do corpo hídrico, tomado com potencial na escala geográfica de observação.

De forma análoga ao procedimento descrito para obter a solução dada pela equação (4.46), outra solução contendo uma função arbitrária, desta vez da coordenada x, pode ser produzida caso seja eliminada a derivada em relação a essa variável no sistema formado pelas equações (4.39) e (4.40). Isolando DC_x em (4.39) e substituindo em (4.40), obtém-se

$$DC_y = vC - uC - DC_y \qquad (4.47)$$

ou

$$2DC_y = (v - u)C \qquad (4.48)$$

A exemplo de (4.42), essa equação também pode ser resolvida por integração direta, resultando

$$C = h(x)e^{\frac{1}{2D}\int(v - u)dy} \qquad (4.49)$$

onde $h(x)$ é uma função arbitrária. Novamente, a distribuição de concentrações pode ser expressa em termos da função corrente e do potencial velocidade, a fim de evitar o cálculo da integral que figura em (4.49). Utilizando outra vez as equações (4.44) e (4.45), resulta

$$C = h(x)e^{\frac{\phi - \Psi}{2D}} \qquad (4.50)$$

Uma vez que a equação advectivo-difusiva é linear, a distribuição de concentrações pode ser expressa como uma combinação linear entre as soluções dadas por (4.46) e (4.50):

$$C = [g(y) + h(x)]e^{\frac{\phi - \Psi}{2D}} \qquad (4.51)$$

4.3 – Considerações sobre as condições de contorno utilizadas

É importante observar que a solução dada por (4.51) pode representar distribuições produzidas por despejos efetuados em pontos arbitrários do corpo hídrico em estudo, enquanto as distribuições de concentrações dadas por (4.46) e (4.50) isoladamente são válidas para lançamentos a montante do domínio de interesse ou para cargas distribuídas que percolam pelo solo, atingindo as margens por difusão em meio poroso. Embora esses dois tipos de despejo possam parecer, a princípio, casos bastante restritos de emissão de poluentes, na verdade são as cargas de ocorrência mais frequente, tanto em perímetros urbanos quanto em zonas rurais. No primeiro caso, essas emissões representam os despejos de fossas sépticas, cujo respectivo sumidouro verte a carga de esgoto em forma líquida para o terreno adjacente, a qual difunde pelo solo produzindo a carga distribuída mencionada anteriormente. No segundo caso, as emissões representam terminais de tubulação de esgoto cloacal, que se localizam, via de regra, junto às margens, devido ao alto custo de implantação dos chamados emissários. Emissários são extensões de tubulação que avançam até o interior do corpo hídrico, a fim de minimizar o impacto causado pela emissão do esgoto *in natura*. Sua implantação visa atingir um canal cuja velocidade de escoamento é maior, provocando uma remoção mais eficiente da carga, ou simplesmente lançar seu conteúdo em um local distante das margens. A instalação de emissários tem como objetivo final preservar a balneabilidade das regiões próximas às margens, explorando o potencial de autodepuração do manancial em relação à digestão da matéria orgânica, efetuada pelos microrganismos presentes no ecossistema aquático.

A solução dada por (4.51) foi concebida para resolver problemas de dispersão de poluentes em corpos hídricos que apresentam duas características bastante comuns na região nordeste do Rio Grande do Sul:

i) litoral arenoso, no qual quebram pequenas ondas;

ii) elevado número de cargas, sejam concentradas ou distribuídas.

A primeira condição permite considerar que as margens são totalmente absorvedoras, isto é, os poluentes lançados ao longo do corpo hídrico são completamente removidos do seu interior, uma vez que tenham atingido o litoral. Isso ocorre porque, quando pequenas ondas quebram, transportando o poluente para as margens, a lâmina d'água que avança sobre o terreno é absorvida, sofrendo uma filtração parcial e depositando o poluente no leito arenoso da margem. Para poluentes relativamente pouco solúveis em água, ou cujo diâmetro médio de partícula permite a retenção do poluente no terreno poroso, como no caso de diversos microrganismos, a margem pode ser considerada um absorvedor perfeito, de modo que a interface terra-água pode ser completamente ignorada, permitindo tratar o meio como infinito ou aplicar condições de contorno de primeira espécie em interfaces artificialmente definidas com o objetivo de delimitar a região de interesse. A segunda alternativa oferece uma grande vantagem do ponto de vista da performance computacional do código-fonte produzido a partir de soluções contendo duas funções arbitrárias. Basta aplicar condições de contorno de primeira espécie sobre interfaces horizontais e verticais traçadas no interior do corpo hídrico, a fim de especificar as funções arbitrárias presentes na solução definida pela equação (4.51). Essas condições, impostas sobre interfaces do tipo $x = cte$ e $y = cte$, substituem com vantagem a obtenção de soluções nas quais as cargas originais de poluentes presentes ao longo do manancial figuram como fontes na equação advectivo-difusiva, dispensando o cálculo das integrais que definem a solução particular do problema não homogêneo associado. Entretanto, esse procedimento exige que sejam efetuados ajustes de curvas para prescrever a distribuição de concentrações nas interfaces traçadas, definindo as funções $g(y)$ e $h(x)$ na equação (4.51).

Na prática, ignorar a interface terra-água acarreta erros grosseiros apenas em cenários onde o corpo hídrico é localmente estagnado e o respectivo litoral é rochoso, situação na qual a condição de contorno de segunda espécie (derivada normal nula), que implica reflexão total do poluente, produz distribuições de concentração bastante realistas. Entretanto, o simples fato de a corrente advectiva transportar o poluente na direção tangencial às margens reduz consideravelmente o erro decorrente do fato de haver sido negligenciada a existência do litoral e, portanto, a própria geometria do corpo hídrico em estudo.

Em grande parte dos cenários típicos de propagação de poluentes em meio aquático, a hipótese que costuma produzir erros relativamente grosseiros nas distribuições de concentração consiste em considerar a difusão molecular como o único mecanismo responsável pela propagação na direção transversal às isolinhas de função corrente, transportando o poluente em direção à margem. No entanto, a quebra de pequenas ondas junto ao litoral constitui um mecanismo consideravelmente mais eficiente de propagação transversal ao fluxo principal que, contudo, atua apenas localmente na remoção do poluente. A combinação do emprego de métodos numéricos utilizando discretização em malha grossa e condições de contorno de segunda espécie, aplicados a corpos hídricos que apresentam litorais arenosos, junto aos quais ocorre quebra de pequenas ondas, produz valores superestimados para a concentração de poluentes em praticamente toda a extensão do domínio considerado, pois, além de ignorar o mecanismo de remoção do poluente, o algoritmo empregado produz, em geral, distribuições excessivamente difusas.

4.4 – Problemas envolvendo transferência de calor

Para problemas relativos à transferência de calor por condução e convecção, o modelo advectivo-difusivo é chamado equação da energia, dada por

$$\frac{\partial T}{\partial t} + u\frac{\partial T}{\partial x} + v\frac{\partial T}{\partial y} - \alpha\left(\frac{\partial^2 T}{\partial x^2} + \frac{\partial^2 T}{\partial y^2}\right) = 0 \qquad (4.52)$$

onde T representa a temperatura, sendo α a difusividade térmica do meio, definida como

$$\alpha = \frac{k}{\rho C_p} \qquad (4.53)$$

Nesta equação, k é a condutividade térmica, ρ; a densidade; e C_p, a capacidade térmica à pressão constante. Para essa aplicação específica, o processo de redução de ordem fornece uma forma fatorada análoga à do sistema formado pelas equações (4.24a) e (4.24b):

$$\alpha T_x = uT + a(x,y) \qquad (4.54a)$$

e

$$\alpha T_y = vT + b(x,y) \qquad (4.54b)$$

As respectivas soluções, obtidas pelo mesmo método descrito na Seção 4.2, possuem a mesma estrutura das equações (4.43) e (4.49):

$$T = g(y)e^{\frac{1}{2D}\int (u+v)dx} \qquad (4.55)$$

e

$$T = h(x)e^{\frac{1}{2D}\int (v-u)dy} \qquad (4.56)$$

Nesse caso, as soluções não podem ser expressas em termos da função corrente e do potencial velocidade, porque o domínio não possui dimensões geográficas. É preciso considerar efeitos viscosos, tais como a formação e o descolamento da camada limite hidrodinâmica, que serão discutidos a seguir na seção referente à mecânica de fluidos.

4.5 – Problemas envolvendo escoamentos viscosos

Para problemas de mecânica de fluidos, existem dois modelos advectivo-difusivos usualmente empregados para efetuar a simulação de cenários envolvendo escoamentos viscosos: as equações de Helmholtz e Navier-Stokes. Ambos os modelos são não lineares, de modo que o método empregado até então para a obtenção de soluções exatas não se aplica a problemas de mecânica de fluidos. O tema será retomado no Capítulo 8, que apresenta uma formulação analítica para a resolução de equações diferenciais parciais não lineares. Por ora, será apresentado um dos modelos utilizados em mecânica de fluidos, chamado **equação de Helmholtz**, que possui forma similar aos modelos advectivo-difusivos lineares. Essa equação é definida como

$$\frac{\partial \omega}{\partial t} + u\frac{\partial \omega}{\partial x} + v\frac{\partial \omega}{\partial y} - v\left(\frac{\partial^2 \omega}{\partial x^2} + \frac{\partial^2 \omega}{\partial y^2}\right) = 0 \quad (4.57)$$

cuja forma fatorada resulta

$$v\omega_x = u\omega + v_t + a(x,y) \quad (4.58a)$$

$$v\omega_y = v\omega + b(x,y) \quad (4.58b)$$

Nestas equações, v é a viscosidade cinemática do fluido e ω é a **vorticidade**, expressa em duas dimensões como

$$\omega = \frac{\partial v}{\partial x} - \frac{\partial u}{\partial y} \quad (4.59)$$

em três dimensões como o rotacional do vetor velocidade, e de forma geral como uma derivada exterior. As duas últimas definições serão discutidas posteriormente, por exigirem certa familiaridade com o significado geométrico dessa grandeza.

4.5.1 – Vorticidade e efeitos viscosos

A equação (4.59) pode ser interpretada de uma forma relativamente simples. Suponha que um elemento de área com formato retangular se desloque da esquerda para a direita, ao longo de um escoamento no qual predomina o movimento coerente (Figura 13a). Ao encontrar uma interface sólida, as moléculas da camada mais próxima à parede sofrem travamento parcial. Como consequência, as moléculas da segunda camada adjacente sofrem travamento parcial sobre a primeira, e assim por diante. O efeito final dos sucessivos travamentos é o cisalhamento do elemento de área, que passa a adquirir o formato aproximado de um paralelogramo (Figura 13b). Em virtude do travamento, a componente u resulta maior sobre a aresta superior do paralelogramo do que sobre a inferior, de modo que existe uma derivada positiva dessa componente na direção y. Essa diferença de velocidade é acompanhada de uma rotação dos ângulos internos do elemento no sentido horário. De forma análoga, quando um elemento de área percorre um escoamento de baixo para cima (Figura 14), sofrendo travamento sobre uma parede, existe uma diferença positiva entre os valores da componente v nas faces direita e esquerda, associada a uma rotação dos ângulos internos do paralelogramo no sentido horário.

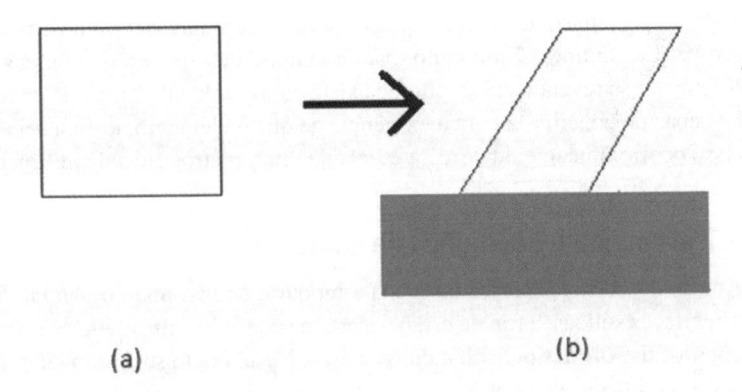

Figura 13 – Elemento de área (a) em escoamento livre, (b) ao sofrer travamento sobre a interface sólida

Assim, as derivadas dv/dx e du/dy atuam em sentidos opostos, de modo que a diferença entre elas define a rotação sofrida pelos ângulos do elemento de área no sentido anti-horário, quando este sofre travamento sobre uma superfície sólida cuja orientação é arbitrária em relação ao campo de escoamento local.

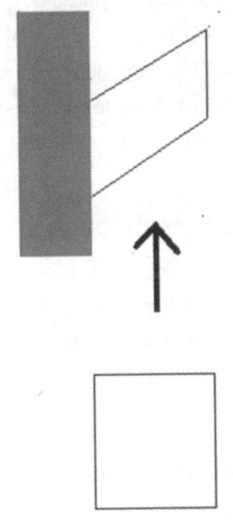

Figura 14 – Travamento de um elemento de área em escoamento vertical

Neste ponto, cabe uma observação. O elemento de área considerado deve ser extremamente pequeno, para que as derivadas que definem a vorticidade possam ser definidas a partir de diferenças entre os valores das componentes de velocidade em faces opostas do paralelogramo. Entretanto, o elemento deve conter um número suficientemente elevado de moléculas, a ponto de ocorrer uma deformação provocada por cisalhamento. Essa última premissa, denominada **hipótese do contínuo**, é prescrita com o objetivo de dispensar um tratamento mais rigoroso, no qual o modelo matemático deveria, a princípio, considerar a presença das moléculas, definindo um meio granular em vez de contínuo. Entretanto, para a maioria das aplicações práticas, a hipótese do contínuo se revela realista, porque existe uma escala intermediária de resolução espacial capaz de conciliá-la com a exigência de que o elemento de área seja infinitesimal. Isso ocorre tipicamente desde a escala de micrômetros até a de milímetros, isto é, entre 10^{-7} a 10^{-3}m.

4.5.2 – Travamento e condições de contorno

Na definição de vorticidade, foi utilizada a hipótese de travamento parcial do fluido junto a interfaces sólidas, a fim de estabelecer uma conexão entre efeitos viscosos e deformações locais sofridas pelo elemento de área. Neste ponto surge uma dúvida sobre as possíveis condições de contorno a aplicar ao longo das interfaces: caso fosse prescrita uma condição de contorno de travamento parcial, seria preciso estimar os valores numéricos das componentes do vetor velocidade ao longo das fronteiras? Felizmente, a condição de travamento total, empregada na maior parte das aplicações, é na prática relativamente confiável. Além disso, um argumento qualitativo é suficiente para estabelecer a equivalência entre as condições de travamento total e parcial sobre um mesmo corpo submerso. Basta considerar, para tanto, que, mesmo se a primeira camada monomolecular de fluido aderisse totalmente à parede sólida, a segunda certamente deslizaria sobre a primeira. Assim, não faria diferença prescrever uma condição de contorno de travamento total sobre o contorno original ou uma condição de travamento parcial sobre o contorno revestido por uma camada monomolecular de fluido, que possuiria tipicamente menos de um nanômetro de espessura. Esse revestimento não alteraria o formato do corpo submerso, de modo que o problema de contorno resultante seria essencialmente o mesmo.

4.5.3 – Geração de componentes flutuantes

Até então, não foi considerada a possibilidade de formação de componentes transversais ao escoamento principal durante o processo de travamento. Embora esse evento tenha sido tratado de forma superficial no Capítulo 1, visando explicar a equação da continuidade, existem outros mecanismos de produção de componentes transversais, além do travamento, associados à interação das moléculas do fluido com a interface e com outras moléculas. Esse movimento decoerente é chamado genericamente turbulência, que pode ser produzida em três escalas espaciais.

i) Na escala da rugosidade, o escoamento sofre desvios em relação à respectiva direção principal, produzindo componentes flutuantes que se propagam devido às colisões entre moléculas desviadas e oriundas do escoamento principal.

ii) Na escala molecular, a turbulência é produzida quando duas moléculas que se deslocam na mesma direção e sentido, porém com velocidades diferentes, encontram-se em determinado ponto do campo de escoamento. Essa colisão pode modificar a direção do movimento das moléculas envolvidas, dependendo do ângulo de incidência correspondente.

iii) Na escala macroscópica, acidentes de percurso e obstáculos submersos produzem desvios locais visíveis na direção principal do escoamento, provocando colisões entre moléculas e interfaces sólidas. Em geral, essas colisões e o próprio travamento junto às paredes produzem vorticidade elevada, razão pela qual os textos clássicos de mecânica de fluidos se referem às interfaces sólidas como "fontes de vorticidade".

Embora existam peculiaridades que distinguem as três aplicações das equações advectivo-difusivas, suas estruturas são essencialmente análogas, assim como suas formas fatoradas (leis de Fick generalizadas). Os respectivos métodos de resolução, embora não resultem idênticos, podem ser generalizados em uma única formulação baseada em transformações de Bäcklund, que será apresentada em capítulos posteriores. Por ora, serão exploradas algumas aplicações práticas de interesse em engenharia, a fim de familiarizar o leitor com casos particulares dessa formulação.

PARTE 2
MÉTODOS

Capítulo 5: Condução de calor

Capítulo 6: Transferência de calor por convecção

Capítulo 7: Propagação de poluentes em meio aquático

Capítulo 8: A equação de Helmholtz

Capítulo 9: As equações de Navier-Stokes e o conceito de camada limite

Capítulo 10: Cálculo de coeficientes de difusão

capítulo 5
Condução de calor

De acordo com Reddy (1986) e Holman (1983), o dimensionamento de superfícies estendidas é usualmente efetuado a partir de soluções exatas para problemas unidimensionais em transferência de calor ou via soluções variacionais fracas. Essas soluções levam em consideração apenas a propagação do calor no sentido longitudinal das aletas soldadas sobre superfícies. Entretanto, os maiores gradientes de temperatura ocorrem no sentido transversal, isto é, da interface de soldagem para a borda principal da aleta.

Neste capítulo, o dimensionamento de aletas é efetuado com base na resolução da equação de Laplace no plano, que fornece soluções bidimensionais em regime estacionário para o problema de transferência de calor por condução. Esse método foi elaborado e otimizado após analisar não apenas estratégias para dimensionamento de aletas, mas também trocadores duplo-tubo e casco-tubo.

5.1 – A equação de Laplace

Considere inicialmente a equação de Laplace no plano, dada por

$$\frac{\partial^2 f}{\partial y^2} + \frac{\partial^2 f}{\partial x^2} = 0 \qquad (5.1)$$

Essa equação pode ser reescrita em termos de variáveis complexas, mudança essa feita pela introdução da variável z e de seu conjugado $\bar{z}$:

$$z = x + iy \qquad (5.2a)$$

$$\bar{z} = x - iy \qquad (5.2b)$$

Aplicando a regra da cadeia a fim de redefinir as derivadas espaciais em função das novas variáveis, resulta

$$\frac{\partial f}{\partial x} = \frac{\partial f}{\partial z}\frac{\partial z}{\partial x} + \frac{\partial f}{\partial \bar{z}}\frac{\partial \bar{z}}{\partial x} = \frac{\partial f}{\partial z} + \frac{\partial f}{\partial \bar{z}} = g \qquad (5.3)$$

$$\frac{\partial^2 f}{\partial x^2} = \frac{\partial g}{\partial z} + \frac{\partial g}{\partial \bar{z}} = 2\frac{\partial^2 f}{\partial z \partial \bar{z}} + \frac{\partial^2 f}{\partial z^2} + \frac{\partial^2 f}{\partial \bar{z}^2} \qquad (5.4)$$

$$\frac{\partial f}{\partial y} = \frac{\partial f}{\partial z}\frac{\partial z}{\partial y} + \frac{\partial f}{\partial \bar{z}}\frac{\partial \bar{z}}{\partial y} = i\frac{\partial f}{\partial z} - i\frac{\partial f}{\partial \bar{z}} \qquad (5.5)$$

e

$$\frac{\partial^2 f}{\partial y^2} = 2\frac{\partial^2 f}{\partial z \partial \bar{z}} - \frac{\partial^2 f}{\partial z^2} - \frac{\partial^2 f}{\partial \bar{z}^2} \qquad (5.6)$$

Substituindo as expressões (5.4) e (5.6) na equação de Laplace, obtém-se

$$\nabla^2 f = \frac{\partial^2 f}{\partial x^2} + \frac{\partial^2 f}{\partial y^2} = 4\frac{\partial^2 f}{\partial z \partial \bar{z}} = 0 \qquad (5.7)$$

ou

$$\frac{\partial^2 f}{\partial z \partial \bar{z}} = 0 \qquad (5.8)$$

A solução geral desta equação é obtida de imediato, ao decompor (5.8) no sistema,

$$\frac{\partial f}{\partial z} = q \qquad (5.9)$$

$$\frac{\partial q}{\partial \bar{z}} = 0 \qquad (5.10)$$

De acordo com (5.10), q não depende do conjugado de z e, portanto, $q = c(z)$, sendo c uma função arbitrária de seu argumento. Assim, a equação (5.9) se reduz a

$$\frac{\partial f}{\partial z} = c(z) \qquad (5.11)$$

Naturalmente, a integração de (5.11) fornece uma nova função arbitrária do mesmo argumento, de modo que

$$f = \int c(z)\,dz + b(\bar{z}) = a(z) + b(\bar{z}) \qquad (5.12)$$

Nesta equação, b representa outra função arbitrária, que pertence ao espaço nulo do operador, derivada em relação a z. Retornando às variáveis independentes originais, isto é, considerando a definição das variáveis complexas em termos das coordenadas cartesianas, obtém-se

$$f = a(x + iy) + b(x - iy) \qquad (5.13)$$

Uma vez que no problema proposto existe apenas uma condição de contorno relevante a considerar, é necessário especificar apenas uma das funções arbitrárias que compõem a solução geral. Desse modo, a solução particular

$$f = a(x + iy) \qquad (5.14)$$

possui graus de liberdade suficientes para satisfazer à equação-alvo e à condição de contorno que especifica o perfil unidimensional de temperaturas na base da aleta, isto é, $T(x,0) = f(x)$.

É importante observar que a equação (5.14) informa apenas que qualquer função do argumento $x + iy$ constitui uma solução exata da equação de Laplace no plano.

Assim, o processo de obtenção da distribuição de temperaturas bidimensional em regime estacionário pode ser reduzido a um roteiro composto de apenas cinco passos:

i) medir a temperatura em alguns pontos ao longo da linha sobre a qual se deseja soldar a aleta sobre a superfície de interesse;
ii) construir uma tabela contendo as coordenadas x e suas respectivas temperaturas medidas;
iii) ajustar uma função a partir da tabela de pontos, obtendo o perfil unidimensional de temperaturas $f(x)$ na base da aleta;
iv) efetuar a mudança de variáveis $x \rightarrow x + iy$;
v) extrair a parte real da função obtida.

A execução da última etapa se faz necessária porque a temperatura é uma variável real.

Em resumo, a distribuição de temperaturas que constitui a solução exata para o problema de dimensionamento de superfícies aletadas é definida como

$$T = \text{Re}[f(x + iy)] \tag{5.15}$$

onde f representa a função que descreve o perfil de temperaturas na base da aleta, isto é, que satisfaz à condição de contorno na interface $y = 0$.

5.2 – A equação de Poisson

A equação de Poisson consiste na versão não homogênea da equação de Laplace, sendo portanto definida como

$$\frac{\partial^2 f}{\partial y^2} + \frac{\partial^2 f}{\partial x^2} = Q \tag{5.16}$$

Essa equação é válida quando existem fontes térmicas no interior do domínio, representadas pela função Q.

Uma vez mapeado o operador laplaciano na forma complexa, é preciso reescrever a função fonte original $Q(x,y)$ como um novo termo não homogêneo. Em outras palavras, é necessário expressar as coordenadas x e y em função das variáveis complexas (z e seu conjugado).

Para que a mudança de variável seja feita, basta isolar as variáveis do sistema (5.3), obtendo assim as relações de x e y em função de z e $\bar{z}$. Dessa forma, podemos expressar x e y como

$$x = \frac{z + \bar{z}}{2} \tag{5.17a}$$

e

$$y = \frac{i(\bar{z} - z)}{2} \tag{5.17b}$$

Assim, podemos expressar a equação de Poisson em termos das variáveis complexas da seguinte forma:

$$\nabla^2 f = 4\frac{\partial^2 f}{\partial z \partial \bar{z}} = q(z,\bar{z}) \tag{5.18}$$

A partir da equação (5.18) pode-se obter uma solução imediata, simplesmente pela dupla integração do termo fonte $q(z,\bar{z})$, somada ao espaço nulo do operador:

$$f = \frac{1}{4}\iint q(z,\bar{z})dz\,d\bar{z} + f_1(\bar{z}) + f_2(z) \tag{5.19}$$

Nesta equação, os termos $f_1(\bar{z}) + f_2(z)$ correspondem ao espaço nulo do operador laplaciano, já que

$$\nabla^2(f_1(\bar{z}) + f_2(z)) = 4\frac{\partial^2 f}{\partial z \partial \bar{z}} f_1(\bar{z}) + f_2(z)) = 0 \tag{5.20}$$

5.3 – Aplicação no projeto de superfícies estendidas

A solução analítica obtida na Seção 5.2 é utilizada a seguir para resolver um problema de contorno relativo à transferência de calor por condução em superfícies estendidas. A Tabela 5.1 mostra os valores das temperaturas ao longo de uma linha reta traçada sobre a superfície de um duto cilíndrico no interior do qual circula um gás, cuja temperatura de entrada é de aproximadamente 100 °C. A tabela mostra valores de temperatura tomados sobre a superfície externa da tubulação, para uma temperatura ambiente em torno de 25 °C.

Tabela 5.1 – Posição (x) versus temperatura (T) na superfície externa do duto (°C)

x (cm)	0	1	2	3	4	5
T (°C)	98,9	82,1	69,2	59,2	51,4	45,4

A Tabela 5.1 foi utilizada para obter uma função de ajuste que representa o perfil unidimensional de temperatura ao longo da superfície externa. A função obtida, dada por

$$f = 25{,}2317 + e^{4{,}3028 - 0{,}2572x} \tag{5.21}$$

apresenta desvio quadrático médio inferior a 1% em relação aos dados tabelados. Efetuando a substituição $x \to x + iy$ sobre a função ajustada e extraindo a parte real da função resultante, obtém-se

$$T(x,y) = 25{,}2317 + e^{4{,}3028 - 0{,}2572x}\cos(0{,}2572y) \tag{5.22}$$

Essa expressão descreve a distribuição bidimensional de temperaturas em regime estacionário para qualquer ponto de uma aleta, cuja base está sujeita à condição de contorno definida como

$$T(x,0) = 25{,}2317 + e^{4{,}3028 - 0{,}2572x} \tag{5.23}$$

A Figura 15 apresenta o mapa de temperaturas sobre toda a extensão da aleta, enquanto a Figura 16 apresenta a respectiva superfície $T(x,y)$ em perspectiva.

Com a solução obtida, o dimensionamento da superfície estendida pode ser efetuado de forma bastante simples. O algoritmo apresentado a seguir, composto por apenas quatro passos, pode ser utilizado para estimar a área de maior rendimento em dissipação térmica para uma aleta retangular. O algoritmo parte da delimitação de uma área para a qual a temperatura da placa ainda é significativamente maior que a do meio na qual se encontra. A delimitação, por sua vez, é efetuada com base na distribuição obtida de temperaturas. O roteiro básico do algoritmo é mostrado a seguir.

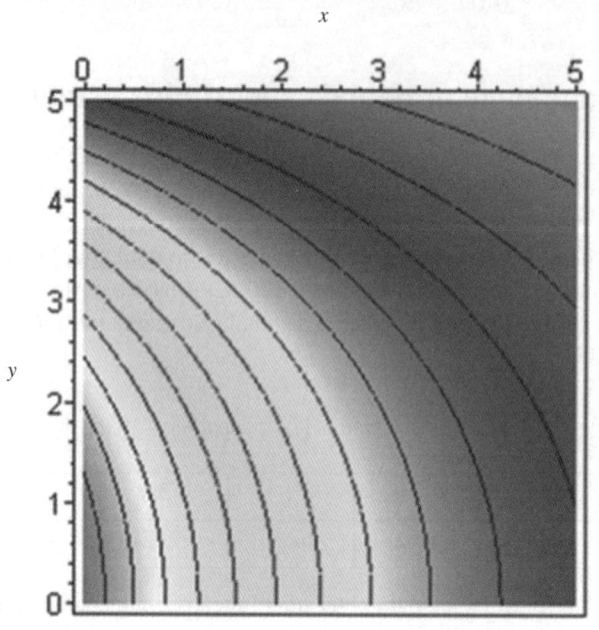

Figura 15 – Mapa de temperaturas para a condição de contorno (equação 5.22)

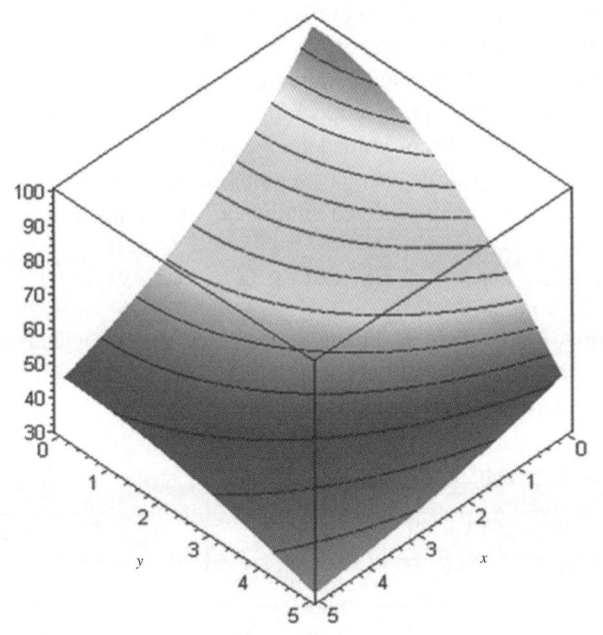

Figura 16 – Mapa de temperaturas em perspectiva

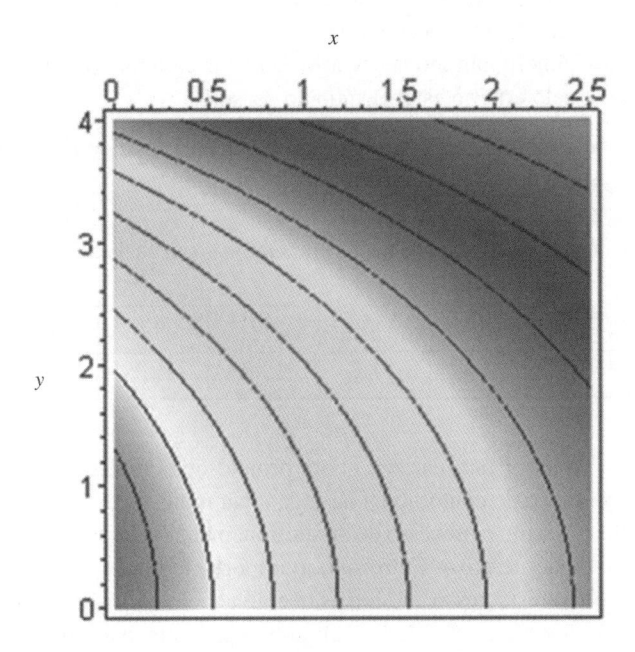

Figura 17 – Aleta delimitada segundo o critério definido no passo I

I – Delimitação da área útil da aleta para fins de dissipação térmica. Consiste em traçar uma reta vertical e uma horizontal que delimitem um retângulo para o qual a diferença entre qualquer temperatura local e a temperatura ambiente seja significativa. No trabalho proposto, o limite inferior adotado para essa diferença entre temperaturas é de aproximadamente 30 °C (ver Figura 17).

II – Utilizando a quantidade de energia a ser retirada para que o gás saia do duto à temperatura desejada, obtém-se a área mínima de troca térmica por meio da relação

$$mc_p(T_e - T_s) = h\int_0^a \int_0^b (T - T_{amb})dx\,dy \qquad (5.24)$$

Nesta equação, a e b são as dimensões da placa, e o coeficiente de película corresponde ao do ar estagnado. As propriedades físicas e os parâmetros de entrada para o problema são apresentados na Tabela 5.2.

Tabela 5.2 – Dados de entrada do problema

m (kg/s)	c_p (kJ/kg °C)	T_e (°C)	T_{amb} (°C)	h (W/cm² °C)
0,001	1000	100	25	0,05

III – Empregando o mesmo coeficiente de película utilizado na etapa anterior (ver Tabela 5.2), é estimada a quantidade de energia térmica dissipada pela aleta já limitada pelo procedimento descrito no passo I. A quantidade de calor dissipada é obtida por meio de integração direta.

IV – Cálculo do número mínimo necessário de aletas para totalizar a área de dissipação exigida pelo critério estabelecido no passo II.

No caso específico do problema apresentado, a área total de troca em função da temperatura de saída desejada é mostrada na Tabela 5.3.

Tabela 5.3 – Temperatura de saída do gás (T) *versus* área mínima de dissipação térmica (A)

T (°C)	25	30	35	40	45	50	55
A (cm²)	16,4	15,3	14,2	13,2	12,1	11,0	9,9

Neste ponto, o leitor familiarizado com projeto de equipamentos poderia argumentar que a condição de contorno na base da aleta muda a cada nova placa soldada sobre a superfície. Assim, o processo de dimensionamento deveria, a princípio, ser efetuado por um método iterativo. Entretanto, é importante observar que a condição de contorno mais pessimista possível é precisamente aquela correspondente ao perfil de temperaturas na superfície sem aletas. Em outras palavras, pareceria razoável supor que a superfície aletada resultaria superdimensionada caso um processo iterativo não fosse empregado com base no roteiro proposto. Entretanto, ocorre que uma estratégia bastante eficiente para evitar o superdimensionamento das aletas consiste justamente em estabelecer limites de corte como o proposto no passo I. Esse critério de mínima diferença local entre as temperaturas ambiente e da placa torna o processo de dimensionamento bastante simples, uma vez que o esforço computacional requerido para a obtenção dos mapas de temperatura é extremamente reduzido. O tempo de processamento requerido para a obtenção da solução e dos respectivos mapas de temperaturas é de aproximadamente 2 segundos em equipamento de baixo custo (AMD – Semprom® 3100, com 512 Mb de RAM).

Uma vez obtidos os primeiros resultados para uma aplicação relativamente simples, o método baseado na obtenção de formas fatoradas sofrerá um processo de evolução até atingir sua forma definitiva, aplicável a qualquer problema em fenômenos de transporte. A implementação de novos recursos será efetuada de acordo com a dificuldade do problema a resolver. O texto foi planejado de modo que o grau de complexidade dos problemas aumente de forma gradual, utilizando apenas os recursos estritamente necessários para produzir soluções realistas. No próximo capítulo, será resolvido um problema de transferência de calor um pouco mais complexo do que o relativo ao dimensionamento de aletas. Esse problema, para o qual a transferência de calor ocorre por condução e convecção, aborda um tema de interesse geral em engenharia: o projeto de trocadores de calor.

capítulo 6
Transferência de calor por convecção

No capítulo anterior foram obtidas soluções exatas para problemas puramente condutivos, a fim de explorar uma aplicação em meio sólido: o dimensionamento de superfícies aletadas. Para problemas envolvendo regiões nas quais existem sólidos e fluidos, tais como o projeto de trocadores de calor, é necessário não apenas incluir termos advectivos nas equações básicas, mas também eventualmente resolver problemas em coordenadas curvilíneas. Este capítulo é dedicado ao dimensionamento de trocadores de calor do tipo casco-tubo, cujas respectivas equações advectivo-difusivas são dadas por

$$w\frac{\partial T}{\partial z} = \alpha\left(\frac{\partial^2 T}{\partial r^2} + \frac{1}{r}\frac{\partial T}{\partial r}\right) \text{ (interior dos dutos)} \quad (6.1)$$

$$-\alpha\frac{\partial^2 T}{\partial z^2} = \alpha\left(\frac{\partial^2 T}{\partial r^2} + \frac{1}{r}\frac{\partial T}{\partial r}\right) \text{ (parede dos dutos)} \quad (6.2)$$

e

$$v_r\frac{\partial T}{\partial r} + \frac{v_\theta}{r}\frac{\partial T}{\partial \theta} = \alpha\left(\frac{\partial^2 T}{\partial r^2} + \frac{1}{r}\frac{\partial T}{\partial r} + \frac{1}{r^2}\frac{\partial^2 T}{\partial \theta^2} + \frac{\partial^2 T}{\partial z^2}\right) \text{ (região do casco)} \quad (6.3)$$

Na região do interior dos dutos, onde ocorre o escoamento longitudinal do fluido interno, w representa a componente axial da velocidade, r é a coordenada radial, z é a coordenada axial e α é a difusividade térmica do fluido interno. Na região da parede ocorre apenas condução e, na região do casco, ocorre o escoamento transversal em torno dos dutos do banco. Na equação (6.3), v_r e v_θ são as componentes da velocidade nas direções radial e angular, não sendo considerada a componente axial, uma vez que as chicanas são relativamente próximas e ocupam a maior parte da secção transversal do casco.

Na região do fluido interno é prescrito um perfil de velocidades parabólico para a componente axial, cujo ponto de máximo se localiza em $r = 0$:

$$w = w_0 + w_1 r^2 \quad (6.4)$$

6.1 – Solução para a região do fluido interno

Em vez de resolver cada equação individualmente e depois conectar as soluções correspondentes ao longo das interfaces, é mais conveniente conectar as próprias equações diferenciais nessas fronteiras. Impondo simultaneamente as equações (6.1) e (6.2) sobre a interface $r = R_i$, onde R_i é o raio interno dos tubos, surge uma equação auxiliar denominada **restrição diferencial**, dada por

$$w\frac{\partial T}{\partial z} = -\alpha \frac{\partial^2 T}{\partial z^2}, \text{ para } R = R_i \qquad (6.5)$$

Uma vez que essa restrição é válida para qualquer valor de z, esta pode ser resolvida a fim de produzir uma distribuição local de temperaturas, válida junto à interface

$$T = a + be^{\frac{-w}{\alpha}z}, \text{ para } R = R_i \qquad (6.6)$$

Nesta equação, a e b são parâmetros arbitrários. A equação (6.6), que atua como uma **condição de contorno de primeira espécie**, isto é, um perfil prescrito na fronteira, pode ser convertida em uma solução válida para toda a região do fluido interno. Para tanto, basta utilizar o método de variação de parâmetros, que nesse caso, implica assumir que as constantes presentes em (6.6) passam a ser funções da coordenada radial:

$$T = a(r) + b(r)e^{c(r)z} \qquad (6.7)$$

Substituindo (6.7) em (6.1) e reagrupando termos, obtém-se

$$\alpha\left[\frac{1}{r}\frac{\partial a}{\partial r} + \frac{\partial^2 a}{\partial r^2}\right] + \left[(w_0 + w_1 r^2)bc - \alpha\left(\frac{1}{r}\frac{\partial b}{\partial r} + \frac{\partial^2 b}{\partial r^2}\right)\right]e^{c(r)z} - \alpha\left[\frac{b}{r}\frac{\partial c}{\partial r} + 2\frac{\partial b}{\partial r}\frac{\partial c}{\partial r}\right.$$

$$\left.+ b\frac{\partial^2 c}{\partial r^2}\right]ze^{c(r)z} + \alpha b\left[\frac{\partial c}{\partial r}\right]^2 = 0 \qquad (6.8)$$

Uma vez que a, b e c não dependem de z, todas as expressões entre colchetes devem se anular individualmente, produzindo o seguinte sistema de equações diferenciais ordinárias:

$$\frac{1}{r}\frac{\partial a}{\partial r} + \frac{\partial^2 a}{\partial r^2} = 0 \qquad (6.9)$$

$$(w_0 + w_1 r^2)bc - \alpha\left(\frac{1}{r}\frac{\partial b}{\partial r} + \frac{\partial^2 b}{\partial r^2}\right) = 0 \qquad (6.10)$$

$$\frac{b}{r}\frac{\partial c}{\partial r} + 2\frac{\partial b}{\partial r}\frac{\partial c}{\partial r} + b\frac{\partial^2 c}{\partial r^2} = 0 \qquad (6.11)$$

e

$$\frac{\partial c}{\partial r} = 0 \qquad (6.12)$$

A equação (6.12) informa que c é constante ($c = c_0$), resultado que também satisfaz (6.11). Restam, portanto, duas equações a resolver. A solução de (6.9) é obtida em duas etapas. Fazendo

$$\frac{\partial a}{\partial r} = f \qquad (6.13)$$

obtém-se

$$\frac{f}{r} + \frac{\partial f}{\partial r} = 0 \tag{6.14}$$

Separando variáveis, resulta

$$\frac{df}{f} = -\frac{dr}{r} \tag{6.15}$$

Integrando ambos os membros, obtém-se

$$\ln f = -\ln r + \ln a_1 \tag{6.16}$$

ou

$$f = \frac{a_1}{r} \tag{6.17}$$

Substituindo em (6.13) e integrando, resulta

$$a = a_0 + a_1 \ln r \tag{6.18}$$

A equação (6.10), que foi convertida em

$$(w_0 + w_1 r^2) b c_0 - \alpha \left(\frac{1}{r} \frac{\partial b}{\partial r} + \frac{\partial^2 b}{\partial r^2} \right) = 0 \tag{6.19}$$

admite soluções do tipo exponencial de polinômio, o que pode ser facilmente verificado ao multiplicar todos os termos por r:

$$(w_0 r + w_1 r^3) b c_0 - \alpha \left(\frac{\partial b}{\partial r} + r \frac{\partial^2 b}{\partial r^2} \right) = 0 \tag{6.20}$$

Note que nesta equação figuram termos polinomiais multiplicando b e suas derivadas, termos produzidos cada vez que a exponencial de um polinômio sofre derivação. Resta, portanto, encontrar o grau do polinômio correspondente. Uma prescrição simples para a candidata à solução é um perfil gaussiano:

$$b = b_0 e^{b_1 r^2} \tag{6.21}$$

Substituindo (6.21) em (6.10), obtém-se

$$[(c_0 w_1 - 4\alpha b_1^2) r^2 + c_0 w_0 - 4\alpha b_1] b_0 e^{b_1 r^2} = 0 \tag{6.22}$$

Como a exponencial não pode ser nula para qualquer valor de r, o conteúdo entre colchetes deve ser igual a zero. Esse conteúdo é um polinômio na variável radial, de modo que os coeficientes de cada potência de r devem ser nulos, produzindo o seguinte sistema algébrico:

$$b_1 = \frac{c_0 w_0}{4\alpha} \tag{6.23}$$

$$c_0 = 4\alpha \frac{w_1}{w_0^2} \tag{6.24}$$

Assim, a distribuição de temperaturas na região do fluido interno resulta

$$T = a_0 + a_1 \ln r + b_0 e^{\frac{w_1}{w_0} r^2 + 4\alpha \frac{w_1}{w_0^2} z} \qquad (6.25)$$

Nessa equação, a constante deve ser nula, a fim de evitar uma singularidade em $r = 0$. Os demais parâmetros devem ser determinados utilizando restrições fisicamente realistas. Como exemplo, para fluidos que operam em contracorrente, se o trocador fosse suficientemente longo, a ponto de a temperatura de saída do fluido interno resultar igual à de entrada do fluido externo (T_{ee}), a condição assintótica

$$\lim_{z \to \infty} T = T_{ee} \qquad (6.26)$$

seria realista. Entretanto, essa condição independe do tamanho do trocador, de modo que permanece válida para cenários realistas. Uma vez que a exponencial presente na solução dada por (6.25) tende a zero,

$$a_0 = T_{ee} \qquad (6.27)$$

Outra restrição fisicamente realista consiste em impor que a temperatura no ponto central ($r = 0$) da primeira secção transversal do duto ($z = 0$) seja igual à própria temperatura de entrada do fluido interno:

$$T(0,0) = T_{ei} \qquad (6.28)$$

Aplicando essa condição de passagem por pontos sobre a solução, obtém-se

$$a_1 = T_{ii} - T_{i0} \qquad (6.29)$$

Os demais parâmetros podem ser especificados utilizando restrições hidrodinâmicas. Impondo a condição de deslizamento parcial junto à parede, dada por

$$w = w_p, \quad \text{para} \quad r = R_i \qquad (6.30)$$

onde w_p é a velocidade junto à parede, resulta

$$w_0 = w_w - w_1 R_i^2 \qquad (6.31)$$

Outra restrição hidrodinâmica consiste na imposição da mesma vazão em qualquer secção transversal ao longo do tubo:

$$Q = \int_0^R 2\pi r w \, dr \qquad (6.32)$$

Essa vazão fixa corresponde à obtida para perfil uniforme (*plug*) de velocidade, dada por

$$Q = \pi R^2 W_\infty \qquad (6.33)$$

Essa restrição especifica o último parâmetro livre na solução:

$$w_1 = \frac{w_w - 2W_\infty}{R_i^2} \qquad (6.34)$$

Dessa forma, a distribuição de temperaturas na região do fluido interno, delimitada pelo intervalo $0 < r < R_i$, pode ser expressa em termos dos dados de entrada do problema:

$$T = T_{i0} + (T_{ii} - T_{i0})e^{\frac{2(W_w-W_\infty)}{R_i^2(W_w-2W_\infty)}\left(-r^2 + \frac{4\alpha z}{(W_w-2W_\infty)}\right)} \qquad (6.35)$$

Nesta equação, ainda não foi especificado o valor numérico da velocidade junto à parede.

6.2 – Solução para a região da parede dos tubos

Na região situada entre os raios interno (R_i) e externo (R_0) dos dutos, a solução local é obtida ao substituir (6.7) em (6.2), o que produz as mesmas expressões para as funções a e c, sendo que a equação diferencial ordinária, a partir da qual se obtém b, é dada por

$$\frac{1}{r}\frac{\partial b}{\partial r} + \frac{\partial^2 b}{\partial r^2} + c_0^2 b = 0 \qquad (6.36)$$

Essa é a equação de Bessel, cujas soluções, obtidas a partir de expansões em série, são expressas genericamente como

$$b = b_1 J_0(c_0 r) + b_2 Y_0(c_0 r) \qquad (6.37)$$

Nesta equação, as funções J_0 e Y_0 são as funções de Bessel de primeira e segunda espécie. Assim, a distribuição de temperaturas nessa região é definida como

$$T = a_0 + [b_1 J_0(c_0 r) + b_2 Y_0(c_0 r)]e^{c_0 z} \qquad (6.38)$$

6.3 – Solução para a região do casco

Para a região externa aos tubos, é preciso obter outra restrição diferencial, igualando as equações (6.2) e (6.3) em $r = R_0$:

$$\frac{v_\theta}{R_0}\frac{\partial T}{\partial \theta} = \alpha\left(\frac{1}{R_0^2}\frac{\partial^2 T}{\partial \theta^2}\right) \qquad (6.39)$$

Esta equação foi obtida após anular a componente radial da velocidade, devido à condição de não penetração na superfície dos tubos. Note que a restrição diferencial obtida impõe um comportamento exponencial à distribuição local de temperaturas na variável angular, uma vez que as derivadas de primeira e segunda ordem são proporcionais entre si. Assim, a derivada primeira da temperatura resulta exponencial nessa variável angular, de modo que a solução final de (6.39) resulta

$$T = a + be^{\frac{v_\theta R_0}{\alpha}\theta} \qquad (6.40)$$

onde a e b são constantes. Efetuando novamente o processo de variação de parâmetros e impondo em $r = R_0$ a igualdade dessa solução com a obtida na região da parede, obtém-se uma candidata à solução na região do casco:

$$T = a(r) + b(r)e^{c_1\theta + c_0 z} \tag{6.41}$$

Nesta prescrição, c_1 e c_2 foram mantidos como constantes por uma questão de objetividade. Caso fossem prescritos como funções de r, surgiriam equações extras no sistema de equações diferenciais ordinárias, informando que suas derivadas seriam nulas. Substituindo (6.41) em (6.3), são novamente gerados os mesmos modelos para a função a, a saber, a equação (6.9), e a seguinte equação auxiliar para b:

$$\alpha\left(\frac{1}{r}\frac{\partial b}{\partial r} + \frac{\partial^2 b}{\partial r^2}\right) + \left(\alpha c_0^2 + \frac{\alpha c_1^2}{r^2} - \frac{v_\theta c_1}{r}\right)b = 0 \tag{6.42}$$

Naturalmente, essa solução depende essencialmente do modelo adotado para $v_\theta(r)$. Apenas por uma questão de simplicidade, foi escolhido um modelo linear em r:

$$v_\theta = k_1 r \tag{6.43}$$

Esta equação também admite soluções do tipo exponencial de polinômio. Nesse caso, entretanto, polinômios de grau 2 não fornecem soluções exatas, embora constituam boas aproximações. De fato, ao substituir

$$b = b_0 e^{b_1 r^2} \tag{6.44}$$

em (6.42), surge o seguinte sistema de equações algébricas:

$$\alpha b_0 c_1^2 = 0 \tag{6.45}$$

$$\alpha b_0 b_1^2 = 0 \tag{6.46}$$

$$c_1 k_1 - 4\alpha c_1 - \alpha c_0^2 = 0 \tag{6.47}$$

Na prática, valores típicos para a são da ordem de 10^{-6}, enquanto b_1 e c_1 são da ordem de 10^{-3} e b_0 varia entre 10 e 100. Assim, as equações (6.45) e (6.46) podem ser consideradas satisfeitas. De fato, nessas equações, a magnitude típica dos valores numéricos dos produtos no membro esquerdo é de 10^{-9} e, portanto, a equação (6.47) pode ser resolvida para k_1:

$$k_1 = \alpha\left(4 + \frac{c_0^2}{c_1}\right) \tag{6.48}$$

enquanto (6.45) e (6.46) podem ser consideradas identidades. As distribuições de velocidade e temperatura nessa região resultam então

$$v_\theta = \alpha\left(4 + \frac{c_0^2}{c_1}\right)r \tag{6.49}$$

e

$$T = a_0 + a_1 \ln r + b_0 e^{b_1 r^2 + c_1 \theta + c_0 z} \tag{6.50}$$

6.4 – Estimativa de carga térmica e área de troca

As constantes arbitrárias nas equações (6.38) e (6.40) são especificadas em função dos dados de entrada quando é imposta a continuidade das soluções e de suas derivadas nas respectivas interfaces. Impondo que as soluções para as regiões do fluido interno e da parede se tornem idênticas quando $r = R_i$, ao menos dois parâmetros podem ser explicitamente determinados: $a_1 = 0$ e

$$c_0 = \frac{-2\alpha}{R_i^2 W_\infty} \quad (6.51)$$

Assim, na equação (6.39), $b_1 = 0$ a fim de evitar termos imaginários gerados pela função Y_0 quando avaliada para argumentos negativos. Desse modo, a solução na região da parede resulta explicitamente determinada:

$$T = a_0 + b_1 J_0\left(\frac{-2\alpha}{R_i^2 W_\infty} r\right) e^{\frac{-2\alpha}{R_i^2 W_\infty} z} \quad (6.52)$$

Note que, na equação (6.42), a condição assintótica já aplicada sobre a região do fluido interno continua válida para a região da parede, uma vez imposta a continuidade de ambas na interface correspondente. Assim,

$$a_0 = T_{e0} \quad (6.53)$$

e

$$a_1 = \frac{T_{e0} - T_{ei}}{n_t n_c} \quad (6.54)$$

Nesta equação, n_t é o número de colunas do banco de tubos, n_c é o número de vezes que o fluxo atravessa o banco e o subíndice e denota o fluido externo. Dessa forma, a equação (6.42) torna-se

$$T = T_{e0} + \frac{T_{e0} - T_{ei}}{n_t n_c} e^{b_1 r^2 + c_1 \theta + \frac{-2\alpha}{R_i^2 W_\infty} z} \quad (6.55)$$

Esta equação é válida para uma única coluna de tubos, de modo que os parâmetros referentes às demais são determinados por via numérica. Cada perfil de temperatura obtido para fileiras situadas progressivamente mais a jusante é utilizado como condição de montante para a próxima região adjacente. Para a primeira coluna, os valores numéricos da vazão de fluido interno e da temperatura de saída do fluido externo são relacionados pelo balanço global de energia:

$$m_e c_e (T_{e0} - T_{ei}) = m_i c_i (T_{ii} - T_{i0}) \quad (6.56)$$

Essas duas grandezas, a vazão de fluido interno e a temperatura de saída do fluido externo, são as incógnitas dessa equação, levando em conta que, em geral, a temperatura de saída do fluido interno é conhecida. Na prática, é mais conveniente prescrever a vazão mássica do fluido interno do que a temperatura de saída do fluido externo, porque a vazão possui um intervalo de variação mais restrito. Por um lado, existe um limite inferior em função da necessidade de produzir uma quantidade mínima de fluido interno, que, em geral, representa o produto de maior valor agregado na indústria. Por outro, a partir de um certo limite superior para a vazão, o próprio tempo de residência do fluido no interior dos dutos limita a quantidade de energia térmica transferida. Assim, é mais prático isolar do que arbitrar a temperatura de saída do fluido externo na equação (6.48):

$$T_{e0} = T_{ei} + \frac{m_i c_i}{m_e c_e}(T_{ii} - T_{i0}) \tag{6.57}$$

A quantidade de calor transferida pela superfície de um único tubo, definida pela lei de Fourier como

$$q = 2\pi k_i \int_0^L r \frac{\partial T}{\partial r} dz \quad \text{para } r = R_i \tag{6.58}$$

pode ser obtida da equação (6.28), que contém somente parâmetros conhecidos:

$$q = 2\pi k_i R_i^2 \frac{W_\infty}{\alpha}(T_{ii} - T_{i0})\left[e^{-\frac{2\alpha z}{R_i^2 W_\infty}} - 1\right] \tag{6.59}$$

Nesta equação, L é o comprimento dos tubos e k_i é a condutividade térmica do fluido interno. O fluxo total de energia transferida por todos os dutos do banco resulta então

$$Q = 2\pi N k_i R_i^2 \frac{W_\infty}{\alpha}(T_{ii} - T_{i0})\left[e^{-\frac{2\alpha z}{R_i^2 W_\infty}} - 1\right] \tag{6.60}$$

onde N é o número de dutos. Essa quantidade de calor deve ser consistente com a definida pelo membro direito da equação (6.48):

$$Q = m_i c_i (T_{ii} - T_{i0}) \tag{6.61}$$

Igualando as equações (6.60) e (6.61), obtém-se uma estimativa para o número total de tubos necessários para que o banco dissipe a quantidade de calor requerida pelo balanço global:

$$N = \frac{\alpha\, m_i c_i (T_{ii} - T_{i0})}{2\pi k_i R_i^2 W_\infty (T_{ii} - T_{i0})\left[e^{-\frac{2\alpha z}{R_i^2 W_\infty}} - 1\right]} \tag{6.62}$$

As equações (6.28), (6.48), (6.51) e (6.54) podem ser utilizadas para elaborar um método direto para dimensionamento de trocadores de calor casco-tubo. Esse método consiste basicamente de três passos:

i) A fim de determinar o comprimento do trocador, é necessário resolver um sistema contendo a equação (6.52) e uma restrição do tipo função objetivo, a fim de minimizar o custo ou maximizar o lucro total da planta. Caso essa restrição não esteja disponível, é preciso prescrever a temperatura de saída do fluido interno, em função de perdas por evaporação ou em função de sua especifi-

cação comercial. Uma vez prescrita essa temperatura, basta então isolar z na equação (6.25).
ii) A vazão mássica ou a temperatura de saída do fluido externo podem ser determinadas com base na equação (6.48). Usualmente, a vazão máxima é estimada em função da perda de carga, com base em Dattolli, Gallardo e Torre (1988) e Murrel e Bosanac (1992).
iii) O número de tubos e, portanto, a respectiva área de troca são obtidos com base na equação (6.62).

Esse algoritmo pode ser reduzido a um único passo quando a vazão mássica possui um intervalo de variação tão restrito que pode ser considerada conhecida. Nesse caso, a velocidade da corrente livre pode ser expressa como

$$W_\infty = \frac{m}{\rho \pi R_i^2 N} \qquad (6.63)$$

na equação (6.33). Nesse caso, o calor transferido é expresso em termos do número de tubos que formam o banco e de seu respectivo comprimento.

Uma vez determinados os parâmetros livres, torna-se possível plotar a distribuição de temperaturas resultante, a fim de verificar se é necessário estabelecer novas condições de operação (regulagem da vazão dos fluidos) ou mesmo se seria preciso utilizar maior número de passes nos tubos ou na própria carcaça do trocador.

O caráter analítico das soluções obtidas permite a formulação de códigos-fonte suficientemente flexíveis para que possam ser aplicados a uma ampla classe de problemas envolvendo o projeto e simulação de trocadores de calor. Dessa forma, quando surge a necessidade de implementar refinamentos no modelo, a alteração ou mesmo a elaboração de rotinas se torna uma tarefa relativamente simples. Como exemplo, a exatidão das respectivas soluções pode ser aumentada pela inclusão de modelos de turbulência, que afetam a velocidade junto à parede e a difusividade térmica dos fluidos. Nesse caso, dois modelos auxiliares bastante simples podem ser implementados diretamente nas soluções obtidas, fornecendo expressões para a velocidade junto à parede, expressa em termos da tensão de cisalhamento, e da redefinição da difusividade térmica em microescala, escrita em função do percurso livre médio e do período médio transcorrido entre duas colisões sucessivas.

6.5 – Estimativa da velocidade junto à parede

A fim de obter uma expressão para w_p, é preciso aplicar uma nova condição de contorno sobre o respectivo perfil radial de velocidades:

$$\tau = \mu \frac{\partial w}{\partial r} \qquad (6.64)$$

Para o perfil parabólico dado pela equação (6.31), essa restrição fornece uma definição para w_p em termos da tensão de cisalhamento junto à parede:

$$W_w = W_\infty - \frac{R_i \tau}{4\mu} \qquad (6.65)$$

A tensão de cisalhamento, por sua vez, pode ser definida pela seguinte equação empírica, segundo Holman (1983):

$$\tau = 0{,}0296\, \text{Re}_z^{0{,}2}\, \rho\, W_\infty^2 \tag{6.66}$$

Nesta equação, Re é o **número de Reynolds** baseado na coordenada axial, definido como

$$\text{Re}_z = \frac{\rho W_{\infty i} z}{\mu} \tag{6.67}$$

6.6 – Redefinição da difusividade térmica

Como já foi discutido no Capítulo 3, o coeficiente de difusão mássico pode ser definido em microescala a partir do percurso livre médio e do período médio entre colisões sucessivas. Uma vez que o mecanismo convectivo consiste no transporte de energia térmica por meio da translação das moléculas que compõem o meio fluido, a difusividade térmica de um meio sólido ou de um fluido estagnado pode sofrer correção, levando em consideração o transporte advectivo. O modelo proposto inicia com a definição de difusividade mássica em microescala, dada, segundo Reichl (1980), por

$$D = \frac{l^2}{2\tau} \tag{6.68}$$

onde l é o percurso livre médio e τ é o intervalo médio de tempo transcorrido entre duas colisões sucessivas. Com base nessa definição, é possível obter um fator de amplificação para a difusividade térmica na forma

$$f = \frac{D_{turbulento}}{D_{browniano}} \tag{6.69}$$

Assim, a difusividade térmica pode ser corrigida pelo emprego de um fator multiplicativo adimensional, que leva em consideração a decoerência do movimento, isto é, a turbulência:

$$\alpha = f\, D_{browniano} \tag{6.70}$$

O fator de amplificação pode ser obtido ao estimar o percurso livre médio e o período entre colisões para duas escalas de movimento. Para a escala macroscópica, o livre caminho médio é da ordem do raio interno dos tubos, e o período entre colisões é obtido a partir da velocidade da corrente livre, uma vez que

$$W_\infty \cong \frac{1}{\tau} \tag{6.71}$$

Para a escala microscópica, esses valores não necessitam realmente ser definidos, uma vez que o coeficiente de difusão clássico é medido em fluidos estagnados e, portanto, corresponde à difusividade mássica associada ao movimento browniano. Entretanto, em função do argumento apresentado no Capítulo 3 sobre coeficientes de difusão de quantidade de movimento, o valor da difusividade devido ao movimento browniano deve ser substituído pela própria viscosidade cinemática do fluido. Assim, a difusividade térmica turbulenta resulta

$$\alpha = \frac{l^2}{2\tau} = \frac{l}{2}\frac{l}{\tau} = \frac{R_i}{2}W_\infty \qquad (6.72)$$

É importante observar que o fator adimensional de amplificação deveria, a rigor, ser definido localmente, uma vez que a viscosidade cinemática varia com a temperatura. Na verdade, essa regra é válida para todos os adimensionais definidos a partir de grandezas dinâmicas em vez de propriedades físicas intrínsecas às substâncias que compõem o meio.

6.7 – Exemplo de aplicação

A formulação proposta será agora utilizada para resolver um exemplo prático de transferência de calor por condução e convecção: com base em Holman (1983), o dimensionamento de um trocador de calor casco-tubo operando com água como fluido interno e externo. A água que circula nos dutos é aquecida de 38 °C a 54 °C, enquanto a temperatura de entrada da água no lado do casco é de 93 °C. O raio interno dos dutos é de 0,0095 m; a condutividade da parede, considerada de aço carbono, é de aproximadamente 16 W/m °C; as vazões nos tubos e nos cascos valem, respectivamente, 3,8 kg/s e 1,9 kg/s; e as propriedades físicas médias para a água são mostradas na Tabela 6.1.

Tabela 6.1 – Propriedades físicas da água

K (W/m °C)	ρ (Kg/m³)	v (m²/s)	C (J/Kg °C)
0,5	1000	0,0000009	4200

Esses valores correspondem a uma difusividade térmica da ordem de 10^{-6} m²/s, que deve ser corrigida por meio de multiplicação pelo fator de amplificação. Utilizando a equação (6.72), a difusividade térmica turbulenta resulta

$$\alpha = \frac{R_i}{2}W_\infty = \frac{R_i}{2}\frac{Q_i}{A} = \frac{R_i}{2}\frac{2Q_i}{\pi R_i^2} = \frac{Q_i}{\pi R_i} = \frac{3{,}8}{3{,}14 \times 0{,}0095} = 127{,}4 \quad (6.73)$$

A Tabela 6.2 mostra a quantidade de energia térmica transferida por segundo para o banco de tubos em função do número de dutos (N) e do respectivo comprimento (L).

Tabela 6.2 – Potência térmica transferida para o banco de tubos (W)

	N = 10	N = 20	N = 30	N = 40	N = 50
L = 2,0 m	58019	111474	160025	203715	242737
L = 2,2 m	63661	121921	174417	221238	262648
L = 2,4 m	69276	132261	188568	238348	281950
L = 2,6 m	74867	142495	202487	255062	300672
L = 2,8 m	80434	152627	216180	271396	318838
L = 3,0 m	85976	162660	229655	287364	336475

Para fins de comparação, o valor experimental disponível para a potência recebida por um arranjo contendo 36 tubos de 2,9 m é de aproximadamente 264 kW, que é compatível com os resultados obtidos na tabela.

Com relação ao desempenho computacional, o tempo de processamento requerido para a geração da Tabela 6.2 é virtualmente desprezível. Utilizando MapleV®, o sistema demanda menos de 10 s de processamento total em um processador AMD Sempron® 1,8 GHz, com 512 Mb de RAM. Caso o problema fosse resolvido por métodos iterativos baseados em formulações empíricas, a própria implementação computacional resultaria inviável, uma vez que esses algoritmos envolvem diversas consultas a tabelas contendo feixes de curvas, para as quais deveriam ser ajustadas as funções correspondentes. Recentemente, esses métodos vêm sendo gradualmente substituídos por novos algoritmos, segundo Bartlett (1996) e Mukherjee (1998), cuja implementação computacional não oferece maiores dificuldades.

6.8 – Soluções em coordenadas adaptadas à geometria do domínio

Embora a solução obtida em coordenadas cilíndricas constitua uma boa aproximação para escoamento transversal em torno de cilindros isolados, existe uma forma mais rigorosa de representar a geometria do domínio para escoamentos transversais em torno de arranjos mais complexos, tais como banco de tubos. Para tanto, são utilizadas coordenadas adaptadas à geometria do domínio. No próximo capítulo, será demonstrado que a equação advectivo-difusiva, quando expressa em termos da função corrente e do potencial velocidade para o escoamento inviscido em torno de obstáculos de formato arbitrário, é dada por

$$\frac{\partial T}{\partial \phi} = \alpha\left(\frac{\partial^2 T}{\partial \phi^2} + \frac{\partial^2 T}{\partial \varphi^2}\right) \tag{6.74}$$

Nesta equação, φ representa a função corrente e ϕ o respectivo potencial velocidade. Como será discutido posteriormente, em muitos problemas práticos esse modelo pode sofrer uma simplificação sem que ocorra perda apreciável de exatidão na solução final. Uma vez que a concavidade da distribuição de temperaturas na direção longitudinal corresponde em geral a ordens de grandeza inferior ao respectivo termo transversal, a equação (6.74) pode ser aproximada por

$$\frac{\partial T}{\partial \phi} = \alpha \frac{\partial^2 T}{\partial \varphi^2} \tag{6.75}$$

Esta equação possui uma solução do tipo gaussiano, que constitui uma boa aproximação para distribuições de temperatura ao longo de escoamentos transversais com troca térmica em torno de dutos de seção cilíndrica, e até mesmo em bancos de tubos. Nesse caso, as novas coordenadas são obtidas utilizando tabelas de transformações conformes. Apenas para citar uma aplicação simples, a seguinte solução exata da equação (6.75) foi utilizada para gerar um mapa termográfico bidimensional para escoamentos transversais com troca térmica em torno de dois cilindros vizinhos em uma fileira de tubos. Essa solução exata, que fornece a distribuição de temperaturas para um cenário no qual um fluido quente circula internamente nos dutos, enquanto um fluido frio circula transversalmente pelo lado externo, é dada por

$$T = \frac{e^{-\frac{5000\varphi^2}{\phi+0,1}}}{2\sqrt{0,00015708\,(\phi+0,1)}} + \frac{e^{-\frac{5000\varphi^2}{\phi+0,1}}}{2\sqrt{0,00015708\,\phi+0,000031416}} \quad (6.76)$$

onde as novas coordenadas (potencial velocidade e função corrente) são definidas, respectivamente, como

$$\phi = -x - \frac{0,005\,\operatorname{senh}(60x)\cosh(60x)}{\operatorname{senh}(60x)^2 + \cos(60y-1,56)^2}$$

$$- \frac{0,005\,\operatorname{senh}(60x-1,8)\cosh(60x-1,8)}{\operatorname{senh}(60x-1,8)^2 + \cos(60y-1,56)^2} \quad (6.77)$$

e

$$\varphi = y - \frac{0,005\,\operatorname{sen}(60y-1,56)\cos(60y-1,56)}{\operatorname{senh}(60x)^2 + \cos(60y-1,56)^2}$$

$$- \frac{0,005\,\operatorname{sen}(60y-1,56)\cos(60y-1,56)}{\operatorname{senh}(60x-1,8)^2 + \cos(60y-1,56)^2} \quad (6.78)$$

o que produz o seguinte mapa térmico (Figura 18):

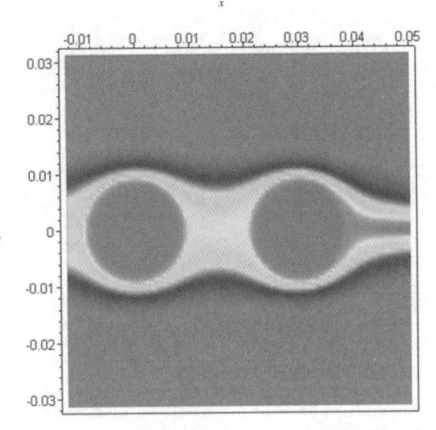

Figura 18 – Mapa térmico para o escoamento transversal em torno de dois cilindros adjacentes em uma fileira

O emprego de coordenadas curvilíneas adaptadas à geometria do domínio será discutido em maior detalhe no Capítulo 7, no qual uma aplicação de grande interesse em engenharia ambiental exige o uso de técnicas mais elaboradas para a resolução de problemas de contorno.

capítulo 7
Propagação de poluentes em meio aquático

Até este ponto, as equações advectivo-difusivas foram tratadas em coordenadas cartesianas e cilíndricas. Entretanto, para problemas envolvendo a propagação de poluentes em rios cuja distância entre margens é comparável à distância percorrida no sentido longitudinal, o domínio deve ser considerado ao menos bidimensional. Nesse caso, seu formato específico deve ser considerado para que a formulação analítica do problema não se torne excessivamente complexa a ponto de tornar obrigatório o emprego de métodos numéricos para a obtenção das respectivas soluções.

Neste capítulo, a equação advectivo-difusiva bidimensional é reformulada em termos de duas coordenadas curvilíneas que simplificam consideravelmente o processo de obtenção de soluções para domínios irregulares: a função corrente e o potencial velocidade para escoamentos não viscosos, também chamados invíscidos ou potenciais. Com base nos estudos de Fernandes (2007), Garcia (2009), Zabadal et al. (2005) e Zabadal, Poffal e Leite (2006), essa formulação evoluiu a partir de métodos recentemente desenvolvidos com a finalidade de generalizar a aplicação das transformações de Bäcklund na solução de problemas de poluição aquática.

7.1 – As transformações conformes

Nos escoamentos potenciais, o fluido tangencia as interfaces sólidas sem sofrer travamento, de modo que os elementos de volume não sofrem cisalhamento durante o processo. Essa simplificação equivale a impor uma condição de vorticidade nula em todo o domínio, isto é, a prescrever a seguinte restrição diferencial:

$$\frac{\partial v}{\partial x} - \frac{\partial u}{\partial y} = 0 \tag{7.1}$$

Essa condição, acompanhada da equação da continuidade bidimensional para fluidos incompressíveis, dada por

$$\frac{\partial u}{\partial x} + \frac{\partial v}{\partial y} = 0 \tag{7.2}$$

forma um sistema de restrições diferenciais denominadas **condições de Cauchy-Riemann**, segundo Churchill (1975), que produzem as chamadas **transformações conformes**, mudanças de coordenadas expressas como funções de variável complexa, que possuem a seguinte propriedade: se o sistema de coordenadas original for ortogonal, as novas coordenadas curvilíneas, obtidas por meio dessa transformação, também resultam mutuamente ortogonais. Essa transformação mantém invariantes os ângulos internos, devido à condição de vorticidade zero, e a proporção entre as arestas, devido à equação da continuidade. Como exemplo, pode ser analisado o efeito da transformação conforme definida pela função

$$w = z + \frac{1}{z} \qquad (7.3)$$

Nesta equação, $z = x + iy$ representa a variável complexa cujas partes real e imaginária são as coordenadas originais (no caso, cartesianas) e $w = \phi + i\Psi$ é a variável complexa formada pelas coordenadas ϕ e Ψ, denominadas, respectivamente, potencial velocidade e função corrente para o escoamento invíscido, também chamado escoamento potencial.

Para compreender a forma pela qual essa transformação opera, basta deduzir as expressões que definem as novas coordenadas a partir de x e y. Uma vez que

$$w = z + \frac{1}{z} = x + iy + \frac{1}{x + iy} \qquad (7.4)$$

as partes real e imaginária de w podem ser isoladas, a fim de obter as novas coordenadas. Multiplicando o último termo pelo conjugado do denominador, obtém-se

$$w = x + iy + \frac{x - iy}{(x + iy)(x - iy)} = x + iy + \frac{x - iy}{x^2 + y^2} \qquad (7.5)$$

Reagrupando termos e utilizando a definição de w em função das novas coordenadas ($w = \phi + i\Psi$), obtém-se

$$\phi + i\varphi = x + \frac{x}{x^2 + y^2} + i\left(y - \frac{y}{x^2 + y^2}\right) \qquad (7.6)$$

Assim, o potencial velocidade e a função corrente podem ser obtidos por comparação direta com as partes real e imaginária no membro direito:

$$\phi = x + \frac{x}{x^2 + y^2} \qquad (7.7)$$

e

$$\varphi = y - \frac{y}{x^2 + y^2} \qquad (7.8)$$

Uma vez obtidas as expressões que relacionam as novas coordenadas com as originais, torna-se possível visualizar o efeito da transformação sobre os pontos do plano complexo. Inicialmente pode ser analisado o efeito sobre os pontos pertencentes a um círculo de raio unitário. Substituindo $x^2 + y^2 + 1$ nas equações (7.7) e (7.8), observa-se que a função corrente se anula, enquanto o potencial velocidade se torna proporcional a x. Para grandes distâncias da origem, o segundo termo de ambas as equações se torna desprezível, e as novas coordenadas tendem às originais, isto é,

$$\phi = x \quad \text{e} \quad \varphi = y, \qquad \text{para } x \text{ e } y \to \infty \qquad (7.9)$$

Dessa forma, as transformações conformes podem ser utilizadas para simplificar o formato dos domínios, facilitando a aplicação de condições de contorno. Além disso, como será mostrado a seguir, a reformulação da equação advectivo-difusiva em termos das coordenadas curvilíneas facilita também o próprio processo de obtenção das respectivas soluções.

7.2 – A equação advectivo-difusiva em coordenadas curvilíneas

Como já mencionado no Capítulo 4, a equação advectivo-difusiva bidimensional em regime estacionário, definida como

$$u\frac{\partial C}{\partial x} + v\frac{\partial C}{\partial y} = D\left(\frac{\partial^2 C}{\partial x^2} + \frac{\partial^2 C}{\partial y^2}\right) \qquad (7.10)$$

pode ser fatorada em um sistema de duas equações diferenciais parciais de primeira ordem:

$$uC = D\frac{\partial C}{\partial x} + \frac{\partial q}{\partial y} \qquad (7.11)$$

e

$$vC = D\frac{\partial C}{\partial y} - \frac{\partial q}{\partial x} \qquad (7.12)$$

De fato, derivando (7.11) em relação a x e (7.12) em relação a y, e, em seguida, somando os resultados obtidos, resulta

$$\left(\frac{\partial u}{\partial x} + \frac{\partial v}{\partial y}\right)C + u\frac{\partial C}{\partial x} + v\frac{\partial C}{\partial y} = D\left(\frac{\partial^2 C}{\partial x^2} + \frac{\partial^2 C}{\partial y^2}\right) \qquad (7.13)$$

Para fluidos incompressíveis, o conteúdo entre parênteses à esquerda é nulo, devido à equação da continuidade, de modo que a aplicação do operador divergente sobre o sistema formado pelas equações (7.11) e (7.12) restaura a equação (7.10) em sua forma original. Já a função q é eliminada, porque a aplicação do divergente produz derivadas cruzadas que se cancelam mutuamente.

7.2.1 – A condição de escoamento potencial

Uma solução particular do sistema que possui aplicação direta em problemas envolvendo o planejamento de redes de esgoto é obtida ao prescrever $q = DC$. Nesse caso, o sistema descreve a propagação de poluentes em corpos hídricos de formato irregular:

$$uC = D\left(\frac{\partial C}{\partial x} + \frac{\partial C}{\partial y}\right) \qquad (7.14)$$

$$vC = D\left(\frac{\partial C}{\partial y} - \frac{\partial C}{\partial x}\right) \qquad (7.15)$$

Resta agora aplicar o operador rotacional sobre o sistema, a fim de verificar as possíveis limitações da solução particular a deduzir. Derivando (7.12) em relação a x, (7.11) em relação a y e subtraindo as equações obtidas, resulta

$$\left(\frac{\partial v}{\partial x} - \frac{\partial u}{\partial y}\right)C + v\frac{\partial C}{\partial x} - u\frac{\partial C}{\partial y} = -D\left(\frac{\partial^2 C}{\partial x^2} + \frac{\partial^2 C}{\partial y^2}\right) \qquad (7.16)$$

Substituindo o membro direito pelos termos advectivos correspondentes, obtém-se

$$\left(\frac{\partial v}{\partial x} - \frac{\partial u}{\partial y}\right)C + v\frac{\partial C}{\partial x} - u\frac{\partial C}{\partial y} = -u\frac{\partial C}{\partial x} + v\frac{\partial C}{\partial y} \qquad (7.17)$$

Reagrupando termos, resulta

$$\left(\frac{\partial v}{\partial x} - \frac{\partial u}{\partial y}\right)C + v\left(\frac{\partial C}{\partial x} + \frac{\partial C}{\partial y}\right) + u\left(\frac{\partial C}{\partial x} - \frac{\partial C}{\partial y}\right) = 0 \qquad (7.18)$$

O primeiro termo entre parênteses é a vorticidade, enquanto os termos que multiplicam as componentes do vetor velocidade podem ser substituídos pelos respectivos membros esquerdos das equações (7.11) e (7.12):

$$\omega\, C + v\left(\frac{uC}{D}\right) - u\left(\frac{vC}{D}\right) = 0 \qquad (7.19)$$

Os últimos termos se cancelam mutuamente, surgindo a restrição de vorticidade nula. Em escala geográfica, essa restrição não é severa, porque os efeitos do travamento são significativos apenas em uma escala de centímetros a poucos metros. Além disso, esses efeitos consistem na homogeneização local da concentração nas proximidades das margens, efeito análogo ao da perda de resolução espacial devido à escala na qual o mapa é analisado.

7.2.2 – Solução das equações em coordenadas curvilíneas

A exemplo da formulação apresentada no Capítulo 4, as equações auxiliares podem ser resolvidas por integração direta, uma vez que as derivadas de primeira ordem em relação a x e y podem ser facilmente isoladas das equações (7.11) e (7.12):

$$\frac{\partial C}{\partial x} = \frac{(u-v)C}{2D} \qquad (7.20)$$

e

$$\frac{\partial C}{\partial y} = \frac{(u+v)C}{2D} \qquad (7.21)$$

O processo de integração pode ser evitado ao reescrever u e v em termos da função corrente e do potencial velocidade. Uma vez que essas coordenadas são mutuamente ortogonais, também obedecem às condições de Cauchy-Riemann, de modo que

$$\frac{\partial \phi}{\partial x} - \frac{\partial \varphi}{\partial y} = 0 \qquad (7.22)$$

e

$$\frac{\partial \varphi}{\partial x} + \frac{\partial \phi}{\partial y} = 0 \qquad (7.23)$$

Isso significa que as componentes do vetor velocidade podem ser expressas em termos de ambas as coordenadas. Uma vez que

$$\frac{\partial \varphi}{\partial y} = u \qquad (7.24)$$

e

$$\frac{\partial \varphi}{\partial x} = -v \qquad (7.25)$$

as componentes do vetor velocidade podem ser expressas também em função do potencial velocidade ao utilizar as condições de Cauchy-Riemmann:

$$\frac{\partial \phi}{\partial x} = u \qquad (7.26)$$

e

$$\frac{\partial \phi}{\partial y} = v \qquad (7.27)$$

O processo de integração pode agora ser evitado, bastando substituir as componentes do vetor velocidade por suas respectivas derivadas em relação à mesma variável de derivação da concentração, em cada uma das equações auxiliares:

$$\frac{\partial C}{\partial x} = \frac{C}{2D}\left(\frac{\partial \phi}{\partial x} + \frac{\partial \varphi}{\partial x}\right) \qquad (7.28)$$

e

$$\frac{\partial C}{\partial y} = \frac{C}{2D}\left(\frac{\partial \phi}{\partial y} + \frac{\partial \varphi}{\partial y}\right) \qquad (7.29)$$

Assim, a distribuição de concentrações resulta

$$C = C_0 e^{\frac{(\phi+\varphi)}{2D}} \qquad (7.30)$$

na qual C_0 é um parâmetro arbitrário.

7.3 – Generalização da formulação

As soluções obtidas na seção anterior são válidas apenas para cargas difusas, uma vez que não produzem picos locais de concentração. A fim de generalizar a formulação, gerando soluções capazes de levar em consideração a presença de cargas puntuais, tais como dutos de esgoto, a equação advectivo-difusiva pode ser reescrita em termos das coordenadas curvilíneas antes de proceder à obtenção de soluções. Utilizando a regra da cadeia para redefinir as derivadas presentes em (7.14) e (7.15), obtêm-se

$$uC = D\left(\frac{\partial C}{\partial \phi}\frac{\partial \phi}{\partial x} + \frac{\partial C}{\partial \varphi}\frac{\partial \varphi}{\partial x}\right) + \frac{\partial q}{\partial \phi}\frac{\partial \phi}{\partial y} + \frac{\partial q}{\partial \varphi}\frac{\partial \varphi}{\partial y} \qquad (7.31)$$

e

$$vC = D\left(\frac{\partial C}{\partial \phi}\frac{\partial \phi}{\partial y} + \frac{\partial C}{\partial \varphi}\frac{\partial \varphi}{\partial y}\right) - \frac{\partial q}{\partial \phi}\frac{\partial \phi}{\partial x} - \frac{\partial q}{\partial \varphi}\frac{\partial \varphi}{\partial x} \qquad (7.32)$$

Utilizando novamente as identidades

$$u = \frac{\partial \phi}{\partial x} = \frac{\partial \varphi}{\partial y} \qquad (7.33)$$

e

$$v = \frac{\partial \phi}{\partial y} = -\frac{\partial \varphi}{\partial x} \qquad (7.34)$$

as equações (7.31) e (7.32) podem ser reescritas como

$$uC = D\left(u\frac{\partial C}{\partial \phi} - v\frac{\partial C}{\partial \varphi}\right) + v\frac{\partial q}{\partial \phi} + u\frac{\partial q}{\partial \varphi} \qquad (7.35)$$

e

$$vC = D\left(v\frac{\partial C}{\partial \phi} + u\frac{\partial C}{\partial \varphi}\right) - u\frac{\partial q}{\partial \phi} + v\frac{\partial q}{\partial \varphi} \qquad (7.36)$$

Multiplicando (7.35) por v e (7.36) por u, subtraindo as equações resultantes e dividindo por $-u^2 - v^2$, obtém-se

$$D\frac{\partial C}{\partial \varphi} = -\frac{\partial q}{\partial \phi} \qquad (7.37)$$

A derivada da concentração em relação ao potencial velocidade pode ser isolada de maneira análoga. Multiplicando (7.35) por u e (7.36) por v, somando as equações obtidas e dividindo por $u^2 + v^2$, resulta

$$C + D\frac{\partial C}{\partial \phi} = \frac{\partial q}{\partial \varphi} \qquad (7.38)$$

A partir de formas fatoradas, é possível obter a equação advectivo-difusiva expressa em termos das coordenadas curvilíneas. Derivando (7.37) em relação à função corrente (7.38) em relação ao potencial velocidade e somando as equações resultantes, surge o modelo advectivo-difusivo nas novas coordenadas:

$$\frac{\partial C}{\partial \phi} = -D\left(\frac{\partial^2 C}{\partial \phi^2} + \frac{\partial^2 C}{\partial \varphi^2}\right) \qquad (7.39)$$

Para a grande maioria das aplicações práticas, a difusão no sentido longitudinal é desprezível em relação à transversal. Uma vez que os próprios gradientes de concentração na direção do escoamento já são bastante inferiores aos tomados perpendicularmente à linha de centro da pluma, as variações dos gradientes na direção longitudinal do escoamento são ainda menores. Como consequência, a derivada de segunda ordem em relação ao potencial velocidade é desprezível perante a derivada segunda em relação à função corrente, de modo que a equação (7.39) pode ser particularizada sem perda apreciável de exatidão:

$$\frac{\partial C}{\partial \phi} \cong -D\frac{\partial^2 C}{\partial \varphi^2} \qquad (7.40)$$

Embora o processo de resolução da equação (7.39) seja bastante simples, pois se trata de uma equação linear a coeficientes constantes, o emprego da aproximação (7.40) apresenta importantes vantagens dos pontos de vista conceitual e operacional. Em primeiro lugar, ao simular o lançamento de cargas puntuais, basta aplicar uma condição de passagem por pontos na forma

$$C(\phi_0, \varphi) = \delta(\varphi - \varphi_0) \qquad (7.41)$$

para obter a solução gaussiana clássica, com base em Reali, Rangogni e Pennati (1984), cujo tempo de pós-processamento requerido é virtualmente nulo para uma única carga individual:

$$C = \frac{e^{-\frac{\varphi^2}{4D\phi}}}{2\sqrt{\pi D \phi}} \qquad (7.42)$$

Como a equação (7.40) é linear e homogênea, admite uma simetria de escala na variável dependente. Em outras palavras, se (7.42) é solução da equação (7.40), a função

$$C = \frac{c_0 e^{-\frac{(\varphi + c_1)^2}{4D\phi}}}{2\sqrt{\pi D(\phi + c_2)}} \qquad (7.43)$$

também é solução, independentemente do valor numérico da constante c_0.

7.4 – Geração da transformação conforme

O potencial velocidade e a função corrente, que definem a geometria do corpo hídrico para o qual se deseja simular o processo de propagação de poluentes, constituem as partes real e imaginária de uma função de variável complexa. Essa função determina as deformações a efetuar sobre o plano complexo, com o objetivo de transformar margens e ilhas em interfaces planas. Portanto, basta efetuar um ajuste de curvas para determinar a função de variável complexa que cumpre esse papel específico para diversas regiões de um corpo hídrico, sem que o respectivo número de termos resulte excessivamente elevado. Segundo Churchill (1975) e Kober (1944), um dos modelos mais bem-sucedidos de ajuste nesse sentido é dado por funções tabeladas ou séries de Laurent truncadas. Outro modelo capaz de gerar margens relativamente complexas utilizando um pequeno número de termos é dado por

$$w = z - i \ln(f(z)) \tag{7.44}$$

onde $f(z)$ denota uma função de ajuste que consiste em uma combinação linear de termos polinomiais e funções periódicas. Como exemplo, a função

$$w = z - i \ln(\cos(z)) \tag{7.45}$$

foi utilizada para produzir a margem mostrada na Figura 19.

Nesse mapa de concentrações, foi efetuado um despejo junto à margem, a fim de verificar uma característica peculiar da pluma formada. Note-se que a pluma se deforma de tal modo que parece se afastar das enseadas e penetrar nas baías. A primeira característica já era esperada, uma vez que as enseadas se comportam basicamente como ilhas conectadas às margens, possuindo uma região circundante de baixa profundidade.

Entretanto, a pluma deveria penetrar nas baías se em suas vizinhanças houvesse regiões relativamente profundas e conectadas com zonas também profundas a jusante. Caso contrário, a pluma passaria pela baía sem sofrer desvios. Na verdade, a pluma não penetra de fato na baía, apenas difunde normalmente. Ocorre que o ajuste utilizado para produzir a transformação conforme extrapola suavemente o mapa batimétrico do corpo hídrico a partir da última isolinha de função corrente, utilizando a equação de Laplace no plano. Assim, não se devem utilizar no ajuste da função $w(z)$ apenas os pontos correspondentes às margens. Devem também ser incluídos na tabela de ajuste os pontos das regiões para as quais existe a necessidade de corrigir a extrapolação.

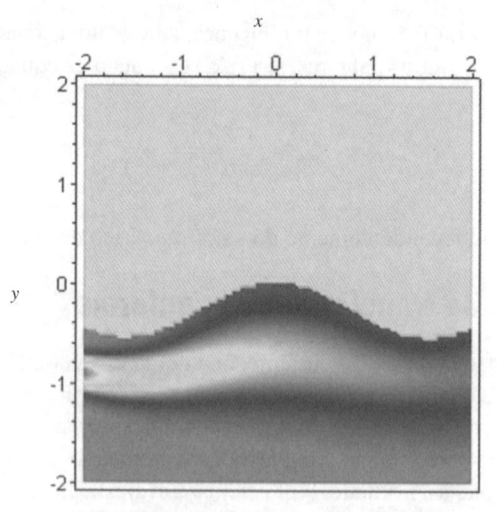

Figura 19 – Margem senoidal utilizada para a construção de margens

A forma como essa extrapolação atua se manifesta de maneira mais clara na Figura 20, que mostra as margens produzidas na transformação definida por

$$w = z - i \ln[1 + z = 0{,}42z^2 + 0{,}07 (z-2)^3] \tag{7.46}$$

Na Figura 20, a primeira enseada parece repelir a pluma, o que indica a existência de uma vizinhança de profundidade muito baixa, correspondente à pequena faixa violeta entre a enseada e a pluma. Entretanto, outra estreita faixa mais afastada da margem pode ser identificada junto à margem da baía. Esta faixa se torna mais perceptível ao afastar o ponto de lançamento da margem (Figura 21).

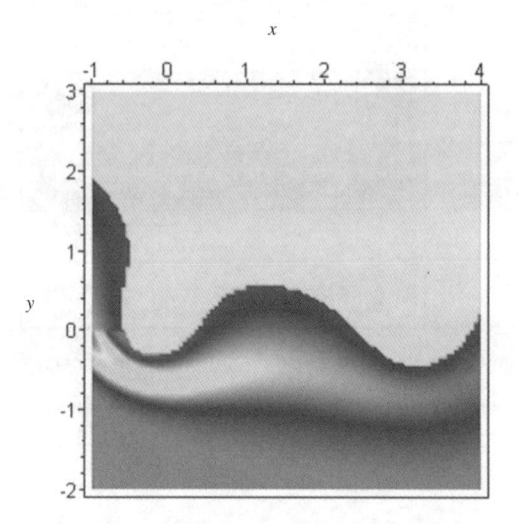

Figura 20 – Efeito da extrapolação do perfil de profundidade para cargas lançadas junto à margem

O afastamento do ponto de lançamento corresponde a uma translação em relação à função corrente.

Aqui cabe ressaltar uma vantagem adicional dessa formulação perante a métodos numéricos. Assim como a localização dos pontos de lançamento pode ser facilmente implementada na solução, pequenos ajustes sobre a função corrente podem produzir mapas correspondentes a períodos de cheia e estiagem, utilizando a mesma função de ajuste. A Figura 22 mostra a margem correspondente às figuras 20 e 21 para períodos nos quais o nível da água é maior. Para tanto, basta alterar o valor numérico do fator de escala na função corrente, isto é, basta modificar o valor da constante que multiplica o logaritmo natural na equação (7.44).

7.5 – Limitações da formulação

Ao efetuar o processo de ajuste de funções de variável complexa, é preciso estar atento para o seguinte fato: essas funções são multivaloradas. A situação é análoga à que ocorre em um estacionamento de vários andares, onde um par de coordenadas (x,y) não define a localização de um veículo, pois é necessário especificar o andar no qual este foi estacionado.

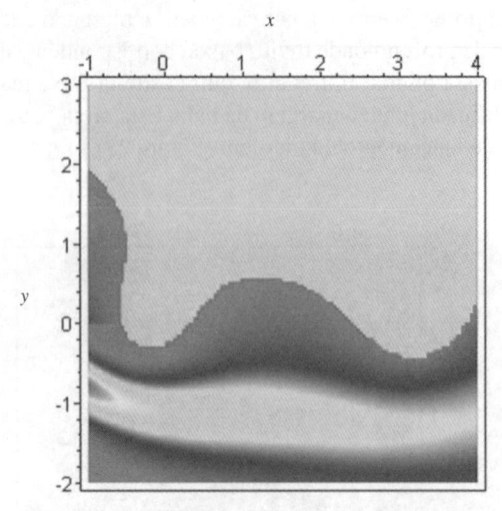

Figura 21 – Efeito da extrapolação do perfil de profundidade para cargas mais afastadas da margem

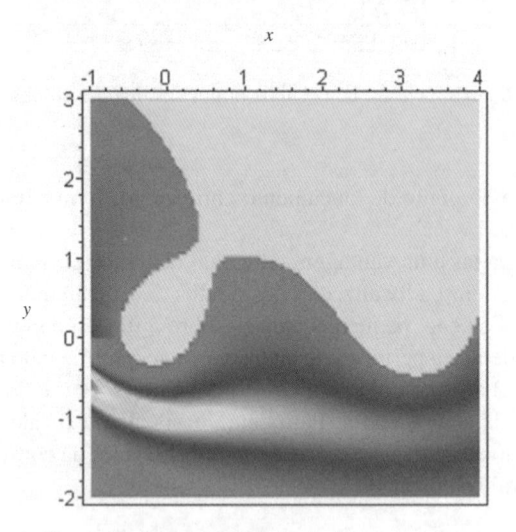

Figura 22 – Margem da Figura 20 para períodos de cheia

Como consequência, ainda que seja possível descrever regiões relativamente amplas do corpo hídrico sem utilizar um número excessivo de termos na respectiva função de ajuste, é necessário verificar se a função obtida não resulta multivalorada na região de interesse. Nesse caso, surgiriam réplicas deformadas tanto da pluma quanto das margens ao longo do subdomínio em estudo. Além disso, é preciso também verificar se existem *branches* (rasgos) no plano complexo que, eventualmente, deturpariam a geometria das margens quando a função é calculada além de um determinado intervalo nas direções x ou y. Na Figura 23 existe uma região na qual o plano parece ter sido rasgado, sendo sobreposta uma camada sobre o mapa original. Esse efeito pode ser mais bem observado em perspectiva (Figura 24), onde a concentração sofre um acréscimo brusco em torno da coordenada $x = 7$.

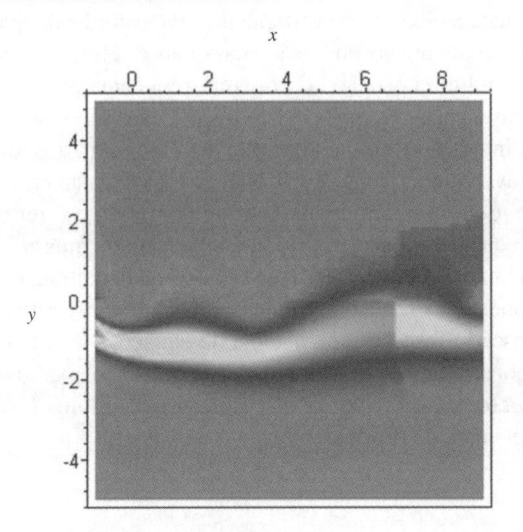

Figura 23 – Exemplo de *branch* no plano complexo

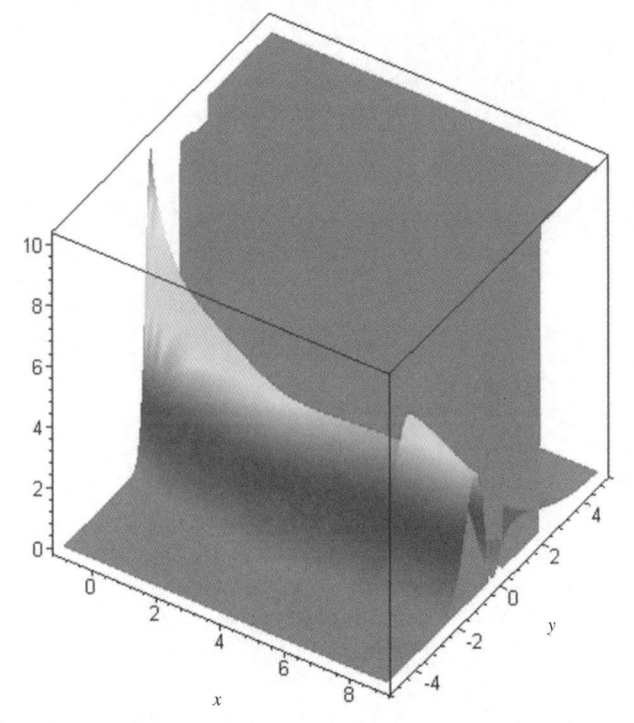

Figura 24 – *Branch* visto em perspectiva

A fim de evitar esse inconveniente, basta limitar a região de interesse ao efetuar o ajuste. Na prática, cada ajuste individual é capaz de reproduzir regiões cuja área é de aproximadamente 10 km² com razoável exatidão.

Neste ponto, como ocorre de forma recorrente ao longo do texto, o leitor poderia questionar a validade da hipótese de vorticidade nula, recordando que podem existir pequenas baías ao longo de um corpo hídrico nas quais os efeitos viscosos podem ser relevantes. De fato, embora isso não ocorra com frequência para aplicações em escala geográfica, existem escalas nas quais os efeitos viscosos se tornam muito importantes, como no caso da interação fluido-estrutura. Para esses cenários, é preciso considerar o fenômeno do travamento, que gera a formação e o descolamento da região denominada camada limite hidrodinâmica, na qual predominam os efeitos viscosos. É necessário também considerar outro evento típico de escoamentos em geral: a geração de componentes flutuantes, que caracteriza um fenômeno denominado turbulência. Nesse caso, em vez de obter uma função corrente por meio de ajustes de funções de variável complexa, é necessário resolver um sistema de equações advectivo-difusivas não lineares a fim de obter o campo de velocidades para o escoamento viscoso e a respectiva função corrente. Esse é o tema discutido nos capítulos 8 e 9, que tratam de problemas em mecânica de fluidos.

capítulo 8
A equação de Helmholtz

A fim de resolver os problemas de propagação de poluentes descritos no capítulo anterior, as componentes do vetor velocidade que definem o campo de escoamento são utilizadas como dados de entrada na equação advectivo-difusiva correspondente, que descreve o processo de transferência de massa. Para obter as funções u e v, que descrevem o campo de velocidades, é necessário resolver previamente outro modelo advectivo-difusivo, que rege o escoamento de fluidos viscosos. Neste capítulo, será descrito o processo de resolução de um desses modelos: a equação de Helmholtz, uma forma não linear de modelo advectivo-difusivo.

Muitos problemas de contorno que descrevem cenários realistas em engenharia são resolvidos empregando métodos numéricos, embora existam recursos matemáticos que possibilitam a obtenção de soluções analíticas para diversas equações diferenciais não lineares. Isso ocorre porque as principais formulações analíticas para a obtenção de soluções exatas para equações diferenciais parciais não lineares (simetrias, restrições diferenciais e transformações de Bäcklund) constituem tópicos ministrados exclusivamente em cursos de pós-graduação em Matemática ou Física. Esses cursos utilizam como referências bibliográficas alguns textos bastante formais, cuja linguagem específica na qual são redigidos pode parecer, a princípio, relativamente obscura e pouco objetiva no que diz respeito a aplicações práticas.

Entretanto, à medida que a barreira da linguagem é transposta, tornando viável a implementação dessas formulações analíticas em sistemas de processamento simbólico, são produzidos códigos-fonte cujo desempenho computacional é consideravelmente superior àqueles baseados em formulações numéricas. Ocorre que essas formulações podem ser combinadas entre si para gerar métodos híbridos que permitem resolver equações não lineares em malhas cujos elementos curvilíneos possuem dimensões típicas de 10 a 100 vezes maiores do que as arestas de elementos que compõem malhas grossas. Neste capítulo, é apresentado um novo método analítico, segundo Delaney, Dhaubadel, Reddy e Tellionis (1987), Jameson, Schmidt e Turkel (1981), e Torres (1980), que utiliza transformações de Bäcklund e a ideia básica das tradicionais formulações TDT (*time dependent techniques*). Essas formulações foram originalmente concebidas com o objetivo de reduzir consideravelmente o tempo de processamento de algoritmos baseados em diferenças finitas e elementos finitos, quando aplicados a problemas em mecânica de fluidos.

A ideia básica das primeiras formulações TDT foi concebida para métodos explícitos em diferenças finitas. Nessas formulações, a malha é percorrida de montante a jusante, a fim de calcular as componentes do vetor velocidade e do campo de pressão, utilizando como condições de contorno os respectivos valores numéricos já calculados a montante da região de interesse. Uma vez obtida a convergência dos valores numéricos, estes são empregados como condições de montante para a próxima região, situada imediatamente a jusante.

No caso de utilizar a formulação TDT em soluções analíticas, válidas para regiões muito maiores do que os nodos de uma malha, a ideia é essencialmente a mesma, embora o processo específico de transferência de valores entre regiões vizinhas seja mais eficiente. A solução obtida em cada região é utilizada para fornecer valores de jusante para a próxima, especificando constantes arbitrárias contidas na respectiva variedade. Assim, cada solução obtida, quando aplicada sobre sua interface a montante, deve coincidir com a solução na região adjacente a montante.

Essa imposição de continuidade nas interfaces, para funções que constituem soluções em regiões vizinhas, é efetuada varrendo o domínio de montante a jusante, tal como nas formulações TDT em sua forma original. Entretanto, quando são empregadas soluções analíticas, essa varredura ocorre, em geral, de forma extremamente rápida. Isso acontece porque não é necessário efetuar qualquer processo iterativo para obter a solução em cada região. Além disso, a própria extensão das regiões proporciona uma varredura a passos bastante largos (em média, cem vezes maiores do que os requeridos para malhas convencionais).

Contudo, existe uma séria dificuldade a contornar para que as soluções obtidas sejam válidas em regiões relativamente extensas do domínio considerado. É necessário obter soluções que possuam um número relativamente elevado de parâmetros a determinar. Isso ocorre porque, para regiões mais amplas, é preciso impor também a continuidade nas derivadas normais às interfaces.

A formulação a seguir visa precisamente obter soluções locais contendo um elevado número de constantes arbitrárias. A estratégia empregada nessa formulação consiste em construir um operador diferencial capaz de transformar soluções exatas de problemas puramente difusivos em soluções, também exatas, da equação de Helmholtz, que constitui um modelo não linear. Uma vez construído esse operador, basta mapear qualquer combinação linear de soluções exatas do problema difusivo em soluções exatas do problema original. Uma vez que o número de constantes arbitrárias presentes na combinação linear que define a solução do problema difusivo fica a critério do próprio pesquisador, podem ser obtidas soluções contendo um número qualquer de parâmetros a determinar.

O processo de obtenção do operador diferencial responsável pelo mapeamento entre soluções constitui o principal mérito das transformações de Bäcklund, no que diz respeito ao aspecto operacional. As soluções exatas são obtidas em tempo de processamento virtualmente nulo, utilizando sistemas de computação simbólica. Entretanto, todos os passos da construção do operador são apresentados na íntegra.

8.1 – Transformações de Bäcklund aplicadas à mecânica de fluidos

As transformações de Bäcklund consistem na conversão da equação diferencial a resolver em um sistema de equações auxiliares cujo processo de resolução é mais simples. Como exemplo, a equação de Helmholtz bidimensional em regime transiente, dada por

$$\frac{\partial \omega}{\partial x} + u\frac{\partial \omega}{\partial x} + v\frac{\partial \omega}{\partial y} = v\left(\frac{\partial^2 \omega}{\partial x^2} + \frac{\partial^2 \omega}{\partial x^2}\right) \qquad (8.1)$$

onde ω é a vorticidade, u e v são as componentes do vetor velocidade e ν representa a viscosidade cinemática do fluido. Essa equação pode sofrer uma redução de ordem, produzindo o seguinte sistema de equações diferenciais auxiliares:

$$\frac{\partial v}{\partial t} + u\omega = \nu \frac{\partial \omega}{\partial x} + \frac{\partial q}{\partial y} \tag{8.2a}$$

e

$$-\frac{\partial u}{\partial t} + v\omega = \nu \frac{\partial \omega}{\partial y} + \frac{\partial q}{\partial x} \tag{8.2b}$$

Nesta equação, $q(x,y,t)$ representa uma função, a princípio, arbitrária. De fato, derivando (8.2a) em relação a x, (8.2b) em relação a y e somando as equações obtidas, resulta

$$\frac{\partial}{\partial t}\left(\frac{\partial v}{\partial x} - \frac{\partial u}{\partial y}\right) + u\frac{\partial \omega}{\partial x} + v\frac{\partial \omega}{\partial y} + \left(\frac{\partial u}{\partial x} + \frac{\partial v}{\partial y}\right)\omega = \nu\left(\frac{\partial^2 \omega}{\partial x^2} + \frac{\partial^2 \omega}{\partial x^2}\right) \tag{8.3}$$

O termo transiente em (8.3) consiste na derivada temporal da vorticidade, enquanto a última parcela que figura antes da igualdade é nula, devido à equação da continuidade para fluidos incompressíveis. Assim, a exemplo dos capítulos anteriores, a equação (8.1) é obtida ao aplicar o divergente sobre o sistema formado por (8.2a) e (8.2b). Aplicando agora o operador rotacional sobre o mesmo sistema, isto é, derivando (8.2b) em relação a x, (8.2a) em relação a y e subtraindo as equações resultantes, obtém-se uma equação diferencial que define a função q:

$$-\frac{\partial}{\partial t}\left(\frac{\partial u}{\partial x} + \frac{\partial v}{\partial y}\right) + \left(\frac{\partial v}{\partial x} - \frac{\partial u}{\partial y}\right)\omega + v\frac{\partial \omega}{\partial x} - u\frac{\partial \omega}{\partial y} = -\frac{\partial^2 q}{\partial x^2} - \frac{\partial^2 q}{\partial x^2} \tag{8.4}$$

Esta equação é um exemplo de restrição diferencial, que consiste em uma equação adicional utilizada para simplificar o processo de resolução da equação-alvo. Nesta equação, os termos transientes anulam-se devido à equação da continuidade, sendo que a segunda parcela é identificada como o quadrado da vorticidade, de modo que (8.4) pode ser escrita como

$$\omega^2 + v\frac{\partial \omega}{\partial x} - u\frac{\partial \omega}{\partial y} = -\frac{\partial^2 q}{\partial x^2} - \frac{\partial^2 q}{\partial x^2} \tag{8.5}$$

Uma vez que a vorticidade e as componentes do vetor velocidade podem ser expressas em termos da função corrente por meio das relações $x = -v$ e $\Psi_y = u$, a equação (8.5) pode ser reescrita da seguinte forma:

$$(\nabla^2 \Psi^2)^2 - \frac{\partial \Psi}{\partial x}\frac{\partial(-\nabla^2 \Psi)}{\partial x} - \frac{\partial \Psi}{\partial y}\frac{\partial(-\nabla^2 \Psi)}{\partial y} = -\frac{\partial^2 q}{\partial x^2} - \frac{\partial^2 q}{\partial x^2} \tag{8.6}$$

Rearranjando termos, obtém-se

$$(\nabla^2 \Psi)^2 + \nabla^2 \Psi \cdot \nabla(\nabla^2 \Psi) = -\nabla^2 q \tag{8.7}$$

O membro esquerdo de (8.7) é o resultado da aplicação do operador divergente sobre um produto, de modo que a equação pode ser expressa como

$$\nabla \cdot (\nabla^2 \Psi \nabla \Psi) = -\nabla^2 q \tag{8.8}$$

Uma vez que a expressão entre parênteses pode ser escrita como o gradiente de um produto escalar, a saber,

$$\nabla^2 \Psi \nabla \Psi = \frac{1}{2} \nabla (\nabla \Psi \cdot \nabla \Psi) = -\nabla^2 q \tag{8.9}$$

o membro esquerdo da equação (8.8) pode ser expresso como o laplaciano desse mesmo produto, de modo que

$$\frac{1}{2} \nabla^2 (\nabla \Psi \cdot \nabla \Psi) = -\nabla^2 q \tag{8.10}$$

Assim, a função fonte pode ser definida a partir da função corrente:

$$q = -\frac{1}{2} \nabla \Psi \cdot \nabla \Psi) + 2 \tag{8.11}$$

Nesta equação, h representa uma função harmônica, isto é, uma solução arbitrária da equação de Laplace no plano, ou seja,

$$\nabla^2 h = 0 \tag{8.12}$$

Ocorre que a solução geral da equação de Laplace no plano é conhecida (ver Capítulo 5). Assim, a estrutura da variedade que define h pode ser explicitada como:

$$h = a(x + iy, t) + b(x - iy, t) \tag{8.13}$$

onde i é a unidade imaginária, sendo a e b funções arbitrárias de seus argumentos. Substituindo (8.11) em (8.2) e (8.3), obtém-se

$$\frac{\partial v}{\partial t} + u\omega = v \frac{\partial \omega}{\partial x} - u \frac{\partial u}{\partial y} - v \frac{\partial v}{\partial y} + \frac{\partial h}{\partial y} \tag{8.14}$$

e

$$-\frac{\partial u}{\partial t} + u\omega = v \frac{\partial \omega}{\partial y} + u \frac{\partial u}{\partial x} + v \frac{\partial v}{\partial x} - \frac{\partial h}{\partial x} \tag{8.15}$$

Substituindo a definição da função vorticidade, obtém-se

$$\frac{\partial v}{\partial t} + u \left(\frac{\partial v}{\partial x} - \frac{\partial u}{\partial y} \right) = \nu \nabla^2 v - u \frac{\partial u}{\partial y} - v \frac{\partial v}{\partial y} + \frac{\partial h}{\partial y} \tag{8.16a}$$

e

$$-\frac{\partial u}{\partial t} + u\left(\frac{\partial v}{\partial x} - \frac{\partial u}{\partial y}\right) = -v\nabla^2 u + u\frac{\partial u}{\partial x} + v\frac{\partial v}{\partial x} - \frac{\partial h}{\partial x} \qquad (8.16b)$$

Reagrupando termos, obtêm-se as equações de **Navier-Stokes**:

$$\frac{\partial u}{\partial t} + u\frac{\partial u}{\partial x} + v\frac{\partial u}{\partial y} = v\nabla^2 u - \frac{\partial h}{\partial x} \qquad (8.17a)$$

e

$$\frac{\partial v}{\partial t} + u\frac{\partial v}{\partial x} + v\frac{\partial v}{\partial y} = v\nabla^2 v - \frac{\partial h}{\partial y} \qquad (8.17b)$$

O leitor já familiarizado com essas equações pode identificar a função harmônica como o campo de pressão. Desse modo, prescrever a restrição diferencial (8.5) é equivalente a estabelecer que o campo de pressão é uma função harmônica. Será demonstrado a seguir que, quando essa função harmônica é desprezada na equação (8.11), resulta um modelo puramente difusivo para a energia cinética por unidade de massa. Esse modelo auxiliar permite encontrar soluções exatas para a equação de Helmholtz que reproduzem as características essenciais dos escoamentos viscosos.

8.2 – Modelo de difusão de energia cinética por unidade de massa

A equação (8.6) pode ser expressa em termos da energia cinética por unidade de massa, definida como

$$f = -\frac{1}{2}\nabla\Psi \cdot \nabla\Psi = -\frac{1}{2}2(u^2 + v^2) \qquad (8.18)$$

Isolando as derivadas da vorticidade em (8.2) e (8.3), isto é, considerando que

$$\frac{\partial \omega}{\partial x} = \frac{1}{v}\left[\frac{\partial v}{\partial t} + u\omega - \frac{\partial(f + h)}{\partial y}\right] \qquad (8.19)$$

e

$$\frac{\partial \omega}{\partial y} = \frac{1}{v}\left[-\frac{\partial u}{\partial t} + v\omega + \frac{\partial(f + h)}{\partial x}\right] \qquad (8.20)$$

e substituindo as expressões resultantes em (8.6), resulta

$$(\nabla^2 \Psi^2)^2 + \frac{v}{v}\left[\frac{\partial v}{\partial t} + u\omega - \frac{\partial(f + h)}{\partial y}\right] - \frac{u}{v}\left[-\frac{\partial u}{\partial t} + v\omega + \frac{\partial(f + h)}{\partial x}\right] =$$
$$= -\nabla^2(f + h) \qquad (8.21)$$

Este resultado foi obtido após substituir as derivadas de primeira ordem da função corrente pelas respectivas componentes do vetor velocidade. Cancelando termos, negligenciando a função harmônica e multiplicando por v, obtém-se

$$\nu(\nabla^2 \Psi^2)^2 + v\frac{\partial v}{\partial t} + u\frac{\partial u}{\partial t} - v\frac{\partial f}{\partial y} - u\frac{\partial f}{\partial x} = -\nu\nabla^2 f \qquad (8.22)$$

As derivadas temporais, por sua vez, podem ser escritas em função do campo f, uma vez que

$$v\frac{\partial v}{\partial t} + u\frac{\partial u}{\partial t} = \frac{\partial}{\partial t}\left(\frac{u^2 + v^2}{2}\right) = \frac{\partial}{\partial t}\left(\frac{1}{2}\nabla\Psi \cdot \nabla\Psi\right) = -\frac{\partial f}{\partial t} \qquad (8.23)$$

Os termos restantes de primeira ordem em (8.22) cancelam-se mutuamente. Como

$$v\frac{\partial f}{\partial y} + u\frac{\partial f}{\partial x} = \vec{V} \cdot \nabla f = \vec{V} \cdot \nabla\left(\frac{1}{2}\nabla\Psi \cdot \nabla\Psi\right) = V \cdot \nabla\Psi\nabla^2\Psi \qquad (8.24)$$

e

$$\vec{V} \cdot \nabla\Psi = v\frac{\partial\Psi}{\partial y} + 2\frac{\partial\Psi}{\partial x} = \frac{\partial\Psi}{\partial x}\frac{\partial\Psi}{\partial y} + \frac{\partial\Psi}{\partial y}\frac{\partial\Psi}{\partial x} = 0 \qquad (8.25)$$

não existem termos advectivos no modelo auxiliar, um resultado já esperado. Assim, a equação (8.22) é convertida em

$$\nu(\nabla^2\Psi)^2 - \frac{\partial f}{\partial t} = -\nu\nabla^2 f \qquad (8.26)$$

O termo não linear em (8.26) corresponde ao quadrado da função vorticidade. Assim, essa equação pode ser considerada um modelo não homogêneo de difusão contendo uma fonte de vorticidade:

$$\frac{\partial f}{\partial t} = \nu\nabla^2 f + \nu\omega^2 \qquad (8.27)$$

Essa equação pode ser convertida em um modelo linear, uma vez que a vorticidade pode ser expressa em termos da nova variável. Como

$$\nabla f = \nabla\left(-\frac{1}{2}\nabla\Psi \cdot \nabla\Psi\right) = -\nabla\Psi\nabla^2\Psi = \omega\nabla\Psi \qquad (8.28)$$

é possível definir a vorticidade como o resultado da aplicação de um operador não linear sobre a função f. Efetuando o produto escalar de ambos os membros pelo gradiente da função corrente, resulta

$$\nabla f \cdot \nabla\Psi = \omega\nabla\Psi \cdot \nabla\Psi = 2\omega f \qquad (8.29)$$

Isolando a vorticidade, obtém-se

$$\omega = \frac{1}{2f}\nabla f \cdot \nabla\Psi \qquad (8.30)$$

Dessa forma, o quadrado da vorticidade, presente em (8.27), pode ser redefinido como

$$\omega^2 = \omega \cdot \omega = \frac{1}{4f^2}(\nabla f \cdot \nabla f)(\nabla \Psi \cdot \nabla \Psi) = \frac{1}{2f}\nabla f \cdot \nabla f \qquad (8.31)$$

Assim, a equação (8.7) pode ser expressa exclusivamente em função da nova variável dependente:

$$\frac{\partial f}{\partial t} = \nu \left(\nabla^2 f + \frac{1}{2f}\nabla f \cdot \nabla f \right) \qquad (8.32)$$

Nesta equação, o termo não linear é obtido quando o laplaciano é aplicado sobre uma função arbitrária de f:

$$\nabla^2 g(f) = \nabla \cdot [g'(f)\nabla f] = g''(f)\nabla f \cdot \nabla f + g'(f)\nabla^2 f \qquad (8.33)$$

Assim, a equação (8.31) pode ser reduzida a um modelo linear puramente difusivo na forma

$$\frac{\partial g(f)}{\partial t} = \nu \nabla^2 g(f) \qquad (8.34)$$

A fim de determinar a função g, basta impor a equivalência entre as equações (8.31) e (8.33). Reescrevendo (8.33) com o auxílio da regra da cadeia, resulta

$$g'(f)\frac{\partial f}{\partial t} = \nu[g''(f)\nabla f \cdot \nabla f + g'(f)\nabla^2 f] \qquad (8.35)$$

Dividindo agora todos os termos por $g'(f)$, obtém-se

$$\frac{\partial f}{\partial t} = \nu \left(\nabla^2 f + \frac{g''(f)}{g'(f)}\nabla f \cdot \nabla f \right) \qquad (8.36)$$

Igualando os termos não lineares de (8.30) e (8.35), surge a seguinte restrição diferencial sobre a função g:

$$\frac{g''(f)}{g'(f)} = \frac{1}{2f} \qquad (8.37)$$

Esta equação auxiliar tem solução imediata:

$$g = c_0 + c_1 f^{\frac{3}{2}} \qquad (8.38)$$

A respectiva função inversa,

$$f = \left(\frac{g - c_0}{c_1} \right)^{\frac{3}{2}} \qquad (8.39)$$

define a mudança de variável necessária para transformar qualquer solução exata do modelo linear (8.33) em uma solução também exata da equação (8.31).

Uma vez obtida qualquer solução da equação (8.31), resta ainda obter a função corrente para fins de pós-processamento. Considerando que

$$\nabla \Psi = \frac{\nabla f}{\omega} \qquad (8.40)$$

e o fato de que a vorticidade pode ser expressa em termos da energia cinética por unidade de massa, isto é,

$$\omega = \pm \sqrt{\frac{1}{2f} \nabla f \cdot \nabla f} \qquad (8.41)$$

a função corrente pode ser obtida por integração direta.

Entretanto, caso não se faça necessário elaborar mapas contendo isolinhas de função corrente, é possível evitar o processo de integração, isolando diretamente as componentes do vetor velocidade a partir da função f. Isso ocorre quando não existe a necessidade de identificar detalhes de uma esteira de vórtices, caso no qual a plotagem do respectivo campo vetorial, cuja resolução é inferior, já é suficiente para obter as informações consideradas essenciais no problema específico a tratar. Uma vez que $\nabla \Psi = (-v, u)$, as componentes do vetor velocidade podem ser obtidas ao resolver o sistema de equações equivalente à equação vetorial (8.40):

$$u = \frac{\frac{\partial f}{\partial y}}{\sqrt{\frac{1}{2f} \nabla f \cdot \nabla f}} \qquad (8.42a)$$

e

$$v = \frac{-\frac{\partial f}{\partial x}}{\sqrt{\frac{1}{2f} \nabla f \cdot \nabla f}} \qquad (8.42b)$$

8.3 – Resultados preliminares

A formulação apresentada será agora utilizada para obter soluções exatas para problemas envolvendo escoamentos viscosos. A Figura 25 mostra o campo de velocidades obtido a partir de uma solução gaussiana para o modelo de difusão de energia por unidade de massa, dado por

$$g = c_0 \frac{e^{\frac{-(x^2+y^2)}{4t}}}{\sqrt{4\pi \cdot t}} \qquad (8.43)$$

Esse modelo representa um vórtice isolado que gira no sentido anti-horário em torno da origem. Na equação (8.43), $c_0 = 2$ e $t = 1$.

Uma vez que o modelo difusivo constitui uma equação diferencial linear, qualquer combinação linear de soluções dessa equação pode ser transformada em uma solução exata do modelo hidrodinâmico correspondente. Dessa forma, torna-se possível gerar estruturas análogas a esteiras de vórtices, respeitando inclusive as escalas de dissipação de energia na cascata de Kolmogorov. Basta para tanto estabelecer valores numéricos adequados para os parâmetros presentes na combinação linear que define a solução do modelo auxiliar puramente difusivo. A fim de exemplificar o argumento, a combinação linear de soluções dada por

$$g = 2 + 3y + 1{,}994711402\{e^{-12{,}5[(x+1)^2+(y-0{,}5)^2]} + e^{-12{,}5[(x+0{,}5)^2+(y-1)^2]} + e^{-12{,}5[x^2+(y-0{,}5)^2]}\}$$
(8.44)

produz a esteira cujo esboço é mostrado na Figura 26. Na equação (8.44), o termo linear em y corresponde a uma contribuição que representa o escoamento uniforme, tal como nos exemplos clássicos de composição de escoamentos. Nesse caso, entretanto, os efeitos viscosos estão presentes na solução obtida.

Nesse exemplo específico, os valores numéricos dos parâmetros foram intencionalmente arbitrados para que fosse produzida uma estrutura idealizada, que resulta ligeiramente semelhante às esteiras formadas a jusante de corpos submersos, para números de Reynolds moderados.

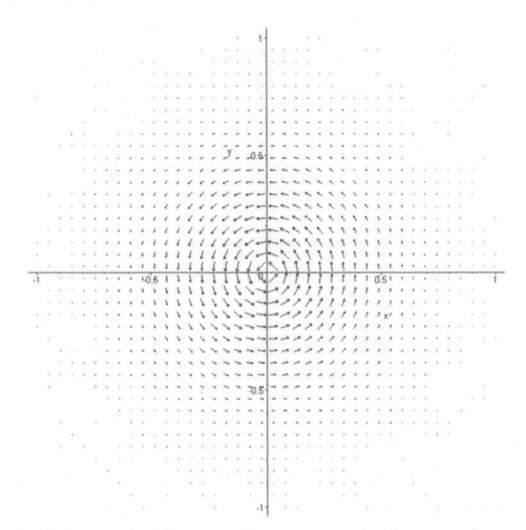

Figura 25 – Vórtice isolado produzido a partir de uma solução gaussiana para o modelo puramente difusivo

No entanto, é possível obter essas estruturas de maneira natural ao aplicar condições de contorno que definem de forma adequada o formato específico dos corpos submersos presentes ao longo do campo de escoamento. Por exemplo, para aplicar a condição de contorno clássica, que impõe $u = v = 0$ na fronteira, basta prescrever $f = 0$ na equação (8.39), o que resulta na aplicação de uma condição de contorno do tipo g = constante.

Naturalmente, uma questão de maior profundidade pode surgir a respeito do campo de pressão em função do fato de não ter sido especificado o formato dos corpos submersos que causariam a formação da camada limite, bem como seu descolamento e a consequente formação da esteira de vórtices.

Uma vez que a função harmônica foi desprezada ao deduzir o modelo auxiliar puramente difusivo, poderiam eventualmente ter sido negligenciados importantes efeitos relativos ao travamento e às colisões junto às interfaces sólidas? Em outras palavras, seria a aproximação $p = (u^2 + v^2)/2$ suficientemente acurada a ponto de reproduzir corretamente os chamados efeitos de parede?

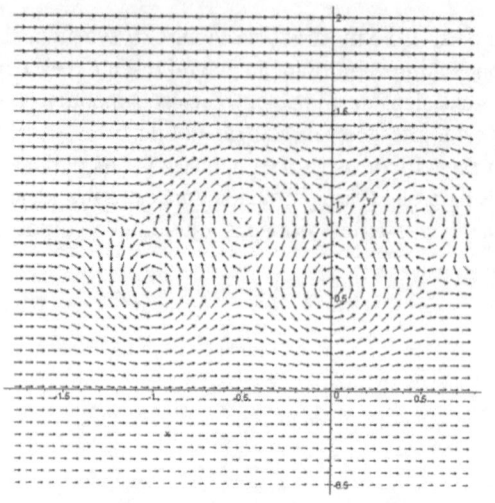

Figura 26 – Esteira obtida a partir de uma combinação linear de soluções gaussianas para o problema puramente difusivo

Será demonstrado em capítulos posteriores que essa aproximação surge de forma natural ao efetuar um processo de redução de ordem sobre as equações de Navier--Stokes, tópico desenvolvido no próximo capítulo. Esse capítulo introduz o conceito de **camada limite hidrodinâmica**, região na qual predominam efeitos viscosos, característicos do processo de frenagem, já discutidos em capítulos anteriores. A fim de observar as características básicas da camada limite, é preciso voltar a analisar mapas de isolinhas de função corrente, em vez de campos vetoriais.

Ocorre que o método introduzido neste capítulo, para a obtenção de soluções exatas para a equação de Helmholtz, possui uma limitação em relação ao pós-processamento da solução. A fim de obter a função corrente, para então construir mapas de isolinhas, é preciso integrar a solução obtida. Essas integrais nem sempre resultam imediatas, de modo que, na grande maioria dos casos, é necessário plotar mapas de setas, como os apresentados neste capítulo, para esboçar o campo vetorial correspondente. Esses mapas de campo vetorial não possuem resolução suficientemente alta para que um efeito relevante seja observado com clareza: a expulsão nas linhas de fluxo pelo corpo submerso.

A fim de contornar a dificuldade relativa ao pós-processamento, é conveniente explorar um novo método, consideravelmente mais simples, a partir do qual as expressões para a função f se tornam mais compactas, não oferecendo maiores dificuldades para a obtenção da respectiva função corrente.

capítulo 9
As equações de Navier-Stokes e o conceito de camada limite

9.1 – As equações de Navier-Stokes e sua forma fatorada

Assim como as demais equações advectivo-difusivas, as equações de Navier-Stokes bidimensionais para fluidos incompressíveis, dadas por

$$\frac{\partial u}{\partial t} + u\frac{\partial u}{\partial x} + v\frac{\partial u}{\partial y} = \nu\left(\frac{\partial^2 u}{\partial x^2} + \frac{\partial^2 u}{\partial y^2}\right) - \frac{1}{\rho}\left(\frac{\partial p}{\partial x}\right) \quad (9.1)$$

e

$$\frac{\partial v}{\partial t} + u\frac{\partial v}{\partial x} + v\frac{\partial v}{\partial y} = \nu\left(\frac{\partial^2 v}{\partial x^2} + \frac{\partial^2 v}{\partial y^2}\right) - \frac{1}{\rho}\left(\frac{\partial p}{\partial y}\right) \quad (9.2)$$

já constituem uma forma fatorada para a equação de Helmholtz e podem também sofrer redução de ordem, gerando o seguinte sistema de equações auxiliares:

$$u^2 = \nu\frac{\partial u}{\partial x} - \frac{p}{\rho} + \frac{\partial a}{\partial y} \quad (9.3)$$

$$\frac{\partial \Psi}{\partial t} + uv = \nu\frac{\partial u}{\partial y} - \frac{\partial a}{\partial x} \quad (9.4)$$

$$-\frac{\partial \Psi}{\partial t} + uv = \nu\frac{\partial v}{\partial x} - \frac{\partial b}{\partial y} \quad (9.5)$$

e

$$v^2 = \nu\frac{\partial v}{\partial y} - \frac{p}{\rho} - \frac{\partial b}{\partial y} \quad (9.6)$$

Nesta forma fatorada, ψ é a função corrente; p, o campo de pressão; ρ, a densidade do fluido; ν, sua viscosidade cinemática; sendo que as funções a e b são, a princípio, arbitrárias. De forma análoga às demais equações básicas, a equação (9.1) é obtida ao aplicar o operador divergente sobre (9.3) e (9.4) e, em seguida, eliminar os termos extras utilizando a equação da continuidade para fluidos incompressíveis. O mesmo ocorre ao aplicar o divergente sobre as equações (9.5) e (9.6), produzindo (9.2).

As equações auxiliares podem ser rearranjadas de forma mais conveniente. Somando (9.3) e (9.6) e, em seguida, isolando a pressão, resulta

$$p = -\frac{\rho}{2}\left(u^2 + v^2 + \frac{\partial b}{\partial x} + \frac{\partial a}{\partial y}\right) \quad (9.7)$$

Subtraindo (9.4) de (9.5), obtém-se

$$-2\frac{\partial \Psi}{\partial t} = \nu\left(\frac{\partial v}{\partial x} - \frac{\partial u}{\partial y}\right) + \frac{\partial a}{\partial x} - \frac{\partial b}{\partial y} \quad (9.8)$$

Subtraindo (9.3) de (9.6), resulta

$$u^2 - v^2 = \nu\left(\frac{\partial u}{\partial x} + \frac{\partial v}{\partial y}\right) + \frac{\partial a}{\partial x} + \frac{\partial b}{\partial y} \quad (9.9)$$

Somando agora (9.4) e (9.5), obtém-se a última equação do novo sistema auxiliar:

$$2uv = \nu\left(\frac{\partial v}{\partial x} + \frac{\partial u}{\partial y}\right) + \frac{\partial b}{\partial y} - \frac{\partial a}{\partial x} \quad (9.10)$$

Esse novo sistema pode ser reescrito em termos de variáveis complexas. Multiplicando (9.10) pela unidade imaginária e somando com (9.9), resulta

$$u^2 - v^2 + 2iuv = \nu\left(\frac{\partial u}{\partial x} + \frac{i\partial u}{\partial y} - \frac{\partial v}{\partial y} + \frac{i\partial v}{\partial x}\right) + \frac{\partial a}{\partial y} - i\frac{\partial a}{\partial x} + \frac{\partial b}{\partial x} + i\frac{\partial b}{\partial y} \quad (9.11)$$

Reagrupando termos, vem

$$(u + iv)^2 = \nu\left[\left(\frac{\partial}{\partial x}(u + iv) + i\frac{\partial}{\partial y}(u + iv)\right)\right] + \frac{\partial}{\partial y}(a + ib) - i\frac{\partial}{\partial x}(a + ib)$$

$$(9.12)$$

Esta equação pode ser expressa em termos de novas variáveis dependentes. Definindo $f = u + iv$ e $\partial = a + ib$, a equação torna-se

$$f^2 = \nu\left(\frac{\partial f}{\partial x} + i\frac{\partial f}{\partial y}\right) - i\frac{\partial \alpha}{\partial x} + \frac{\partial \alpha}{\partial y} \quad (9.13)$$

Introduzindo agora novas variáveis independentes, $r = x + iy$ e $s = x - iy$, a equação (9.13) pode ser expressa de maneira ainda mais compacta. Utilizando a regra da cadeia para redefinir as derivadas espaciais em termos das novas variáveis independentes, tal como já demonstrado no Capítulo 5, obtém-se

$$f^2 = 2\left(\nu\frac{\partial f}{\partial s} + i\frac{\partial \alpha}{\partial s}\right) \quad (9.14)$$

A partir dessa forma em variável complexa, inicialmente será obtido um modelo em regime estacionário. Para tanto, a derivada temporal da função corrente será desprezada, restando especificar as funções a e b. Nesse caso, a equação (9.8) reduz-se a uma identidade quando as prescrições $a = -\nu v$ e $b = \nu u$ são adotadas. Essas prescrições reduzem o campo de pressão a $p = (u^2 + v^2)/2$, chamada aproximação de Bernoulli. Nesse caso, a equação (9.14) sofre uma simplificação adicional, sendo convertida em

$$f^2 = 4v \frac{\partial f}{\partial s} \quad (9.15)$$

Esta equação pode ser resolvida por integração direta, fornecendo

$$f = \frac{1}{\dfrac{s}{4v} - g(r)} \quad (9.16)$$

Nesta equação, a função $g(r)$ define o formato das interfaces sólidas, como será mostrado a seguir. A função corrente pode ser facilmente obtida a partir de f, utilizando as identidades

$$u = \frac{\partial \Psi}{\partial y} \quad (9.17)$$

e

$$v = -\frac{\partial \Psi}{\partial x} \quad (9.18)$$

Multiplicando (9.18) por i e somando com (9.17), obtém-se

$$u + iv = \frac{\partial \Psi}{\partial y} - i\frac{\partial \Psi}{\partial x} = -2i\frac{\partial \Psi}{\partial s} \quad (9.19)$$

Como $u + iv = f$, a relação entre f e Ψ resulta

$$f = -2i\frac{\partial \Psi}{\partial s} \quad (9.20)$$

Esta relação permite que a função corrente seja obtida por meio de uma única integração na variável s:

$$\Psi = \ln\left(\frac{s}{4v} - g(r)\right) + h(r) \quad (9.21)$$

Nesta equação, $h(r)$ representa uma função potencial, cujo papel será elucidado a seguir.

A fim de especificar as funções arbitrárias g e h, poderiam ser aplicadas as condições de contorno clássicas da mecânica de fluidos, isto é, as prescrições de não deslizamento e não penetração na superfície dos sólidos submersos. Entretanto, apenas a segunda condição é totalmente confiável, porque não existem provas definitivas da ocorrência de travamento total sobre as interfaces. Uma forma relativamente simples de determinar ambas as funções consiste em atribuir a h o papel de campo potencial relativo ao escoamento livre (uniforme) com velocidade constante U:

$$h = Ur \quad (9.22)$$

Dessa forma, basta introduzir uma singularidade na equação (9.21), prescrevendo a relação $s = 4vg$, a fim de evitar a penetração do fluido através da interface.

9.2 – Escoamento em torno de cilindros e placas planas

A Figura 27 mostra as linhas de fluxo para o escoamento transversal em torno de um cilindro de raio unitário. Nesse caso,

$$g(r) = 4vr \qquad (9.23)$$

que define a geometria da fronteira ao prescrever $s = 4vg$. Dessa prescrição, resulta

$$s = \frac{1}{r} \qquad (9.24)$$

que pode ser facilmente reconhecida como a equação que descreve um círculo de raio unitário. Multiplicando ambos os membros por r, resulta

$$rs = 1 \qquad (9.25)$$

Substituindo as definições de r e s em termos das coordenadas espaciais, isto é, $r = x + iy$ e $s = x - iy$, obtém-se

$$(x + iy)(x - iy) = x^2 + y^2 = 1 \qquad (9.26)$$

As linhas de fluxo esboçadas na Figura 27 correspondem às curvas de nível da função corrente definida pela equação (9.21). Quando a viscosidade cinemática é aumentada ou a velocidade da corrente livre é reduzida (ver Figura 28), a região onde predominam os efeitos do travamento, chamada camada limite hidrodinâmica, torna-se mais extensa, e o tamanho dos vórtices formados a jusante do cilindro aumenta. Entretanto, o efeito mais importante verificado em ambas as figuras consiste na expulsão das linhas de fluxo em torno do corpo submerso, consequência de uma característica peculiar da solução obtida.

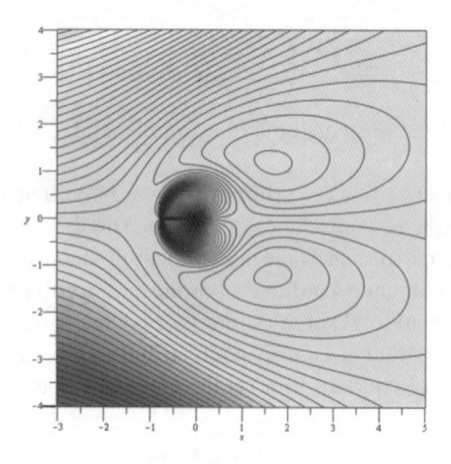

Figura 27 – Linhas de fluxo para o escoamento em torno de um cilindro de raio unitário ($U = 0,01$ m/s e $\nu = 0,0065$ m/s².)

Essa solução comporta-se como se a viscosidade cinemática fosse considerada variável, caso no qual as equações de Navier-Stokes apresentariam termos extras. De fato, aplicando o divergente sobre as equações auxiliares e considerando que a viscosidade cinemática depende das variáveis espaciais, obtêm-se

$$\frac{\partial u}{\partial t} + u\frac{\partial u}{\partial x} + v\frac{\partial u}{\partial y} = \frac{\partial v}{\partial x}\frac{\partial u}{\partial x} + \frac{\partial v}{\partial y}\frac{\partial u}{\partial y} + v\left(\frac{\partial^2 u}{\partial x^2} + \frac{\partial^2 u}{\partial y^2}\right) - \frac{1}{p}\left(\frac{\partial p}{\partial x}\right) \quad (9.27)$$

e

$$\frac{\partial v}{\partial t} + u\frac{\partial v}{\partial x} + v\frac{\partial v}{\partial y} = \frac{\partial v}{\partial x}\frac{\partial v}{\partial x} + \frac{\partial v}{\partial y}\frac{\partial v}{\partial y} + v\left(\frac{\partial^2 v}{\partial x^2} + \frac{\partial^2 v}{\partial y^2}\right) - \frac{1}{p}\left(\frac{\partial p}{\partial y}\right) \quad (9.28)$$

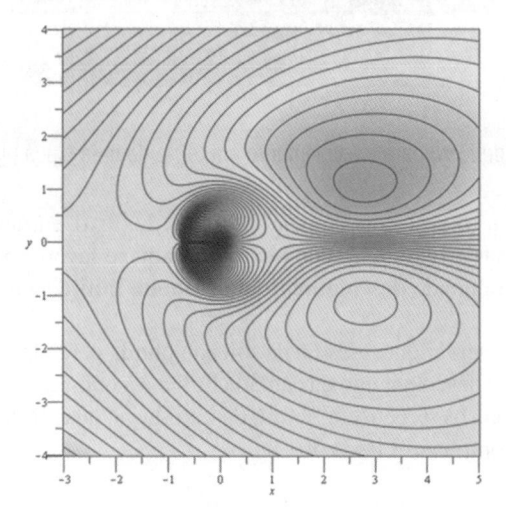

Figura 28 – Linhas de fluxo para o escoamento em torno de um cilindro de raio unitário ($U = 0{,}01$ m/s e $v = 0{,}012$ m/s^2)

Reescrevendo as equações obtidas, resultam

$$\frac{\partial u}{\partial t} + \left(u - \frac{\partial v}{\partial x}\right)\frac{\partial u}{\partial x} + \left(v - \frac{\partial v}{\partial y}\right)\frac{\partial u}{\partial y} = v\left(\frac{\partial^2 u}{\partial x^2} + \frac{\partial^2 u}{\partial y^2}\right) - \frac{1}{p}\left(\frac{\partial p}{\partial x}\right) \quad (9.29)$$

e

$$\frac{\partial v}{\partial t} + \left(u - \frac{\partial v}{\partial x}\right)\frac{\partial v}{\partial x} + \left(v - \frac{\partial v}{\partial y}\right)\frac{\partial v}{\partial y} = v\left(\frac{\partial^2 v}{\partial x^2} + \frac{\partial^2 v}{\partial y^2}\right) - \frac{1}{p}\left(\frac{\partial p}{\partial y}\right) \quad (9.30)$$

Note que os termos extras são realmente responsáveis pela expulsão das linhas de fluxo. Uma vez que a viscosidade cai bruscamente do corpo submerso para o líquido, suas derivadas espaciais, considerando o sinal negativo, atuam como componentes de um campo local de velocidades orientado para fora da interface.

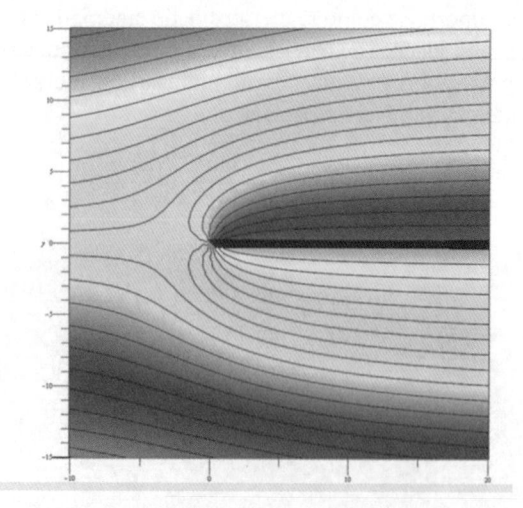

Figura 29 – Linhas de fluxo para o escoamento em torno de uma placa plana

Isso significa que o obstáculo "repele" as linhas de fluxo, entrando em oposição ao escoamento livre nas proximidades do ponto de ataque e favorecendo a ocorrência de um fenômeno denominado **descolamento da camada limite**, que ocorre a jusante do corpo submerso.

É importante observar que, mesmo na solução obtida para placa plana (Figura 29), onde não ocorrem o descolamento da camada limite e a consequente formação de vórtices, os efeitos viscosos surgem em função da introdução de uma singularidade do tipo *branch* no plano complexo (Figura 30).

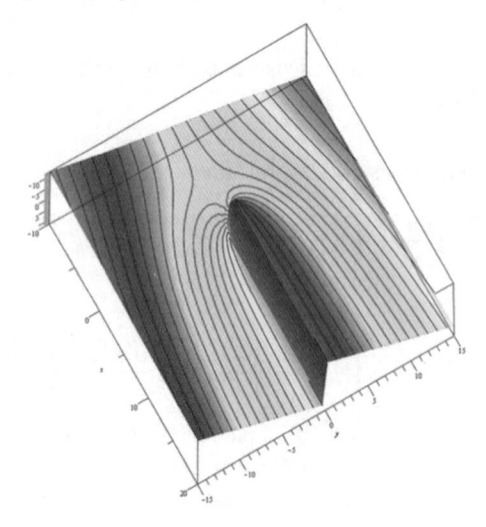

Figura 30 – Vista em perspectiva do escoamento em torno da placa plana

Nesse caso, portanto, a única diferença entre os escoamentos potencial e viscoso está precisamente no efeito de expulsão das linhas de fluxo, e não no suposto travamento total, condição que nem sequer foi imposta ao resolver o problema de contorno.

Naturalmente, o leitor poderia considerar que o travamento seria o próprio responsável pela expulsão das linhas de fluxo, recordando o argumento exposto no Capítulo 1, referente à equação da continuidade para fluidos incompressíveis. Embora a equivalência entre esses argumentos possa parecer evidente, existe na prática a possibilidade de ocorrer expulsão das linhas de fluxo sem que haja qualquer travamento.

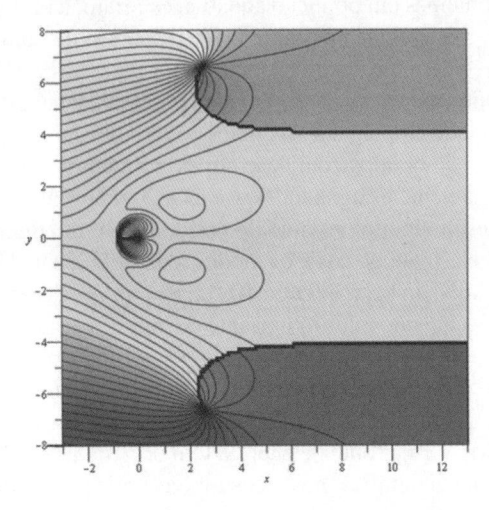

Figura 31 – *Zoom out* da Figura 28, mostrando a região de validade da solução obtida para $U = 0{,}01$ m/s e $\nu = 0{,}012$ m/s^2

Nesse caso específico, a expulsão seria provocada por desvios em relação à corrente principal, causados pela rugosidade da placa, fator que não foi considerado na obtenção de ambas as soluções. Até hoje a validade da condição de contorno de travamento total está sendo amplamente discutida na literatura, segundo Martin e Boyd (2001), Khaled e Vafaib (2004) e Priezjev (2011). Além disso, já existem soluções analíticas para equações hidrodinâmicas envolvendo fluidos não newtonianos, de acordo com Ping e Ting (2009), o que permite avaliar de forma mais detalhada os efeitos de parede, mesmo para relações tensão-deformação aproximadamente lineares.

Cabe aqui outra observação importante sobre as soluções analíticas obtidas se referem ao subdomínio no qual permanecem válidas. Uma vez que a função exponencial é periódica no plano complexo, sua função inversa, o logaritmo natural, que figura em ambas as soluções, resulta multivalorada. A exemplo das soluções apresentadas no Capítulo 7, para problemas de dispersão de poluentes em corpos hídricos, essa limitação também restringe a validade das soluções a regiões entre singularidades adjacentes. Essa limitação pode ser verificada na Figura 31, que mostra as linhas de fluxo para o escoamento em torno do cilindro de raio unitário, para um intervalo mais amplo de variação da coordenada *y*. A distância entre esses *branches* diminui com o aumento da velocidade da corrente livre e com a redução da viscosidade cinemática. Desse modo, a espessura da faixa horizontal na qual a solução é válida diminui com o aumento do número de Reynolds. Na prática, isso significa que, para soluções em regime estacionário, o aumento do número de Reynolds implica a necessidade de discretização progressivamente mais fina do domínio na direção transversal ao escoamento principal, que nesse caso específico corresponde à coordenada y.

Uma vez obtidas as componentes do vetor velocidade para escoamentos de fluidos viscosos, a partir das equações de Helmholtz e Navier-Stokes, os dados de entrada para a resolução de problemas em poluição aquática estariam, a princípio, totalmente definidos. Entretanto, existe ainda no problema de dispersão de poluentes um dado de entrada a corrigir: o coeficiente de difusão. Na maior parte dos problemas de propagação de poluentes, o valor numérico da difusividade mássica é subestimado por ser obtido de tabelas ou calculado empregando modelos de turbulência. No primeiro caso, os coeficientes tabelados são obtidos com base em experimentos nos quais o fluido circundante está completamente estagnado. Nesse caso, o valor numérico do coeficiente de difusão mássica resulta muito próximo do obtido para o movimento browniano (entre 10^{-7} e 10^{-5} m^2/s). No segundo caso, os modelos de turbulência fornecem valores mais realistas, mas ainda assim baixos (entre 10^{-4} e 10^{-3} m^2/s). Isso ocorre porque, para lâminas d'água, o mecanismo mais importante de amplificação da difusividade mássica não consiste, em geral, na mistura provocada pela produção de componentes flutuantes, que tem como fonte de energia cinética o próprio escoamento principal. O principal mecanismo de promoção da mistura consiste no fenômeno da oscilação da superfície do corpo hídrico, cuja fonte de energia tem origem na incidência de ventos. Para problemas em escala geográfica, nos quais muitas regiões estagnadas ao longo de rios e lagos que estão sujeitos à incidência de ventos, o valor experimental do coeficiente de difusão é bastante elevado. Uma vez que os modelos de turbulência não são capazes de estimar o aumento do coeficiente de difusão para regiões nas quais não existe escoamento, o valor numérico da difusividade mássica corresponderia, a princípio, ao do movimento browniano, que resulta extremamente subestimado. Consequentemente, a área de ação do poluente resulta em ordens de grandeza inferiores ao respectivo valor experimental, gerando erros grosseiros ao estimar o impacto ambiental em zonas de maior interesse.

O próximo capítulo encerra a segunda parte do texto, sendo dedicado ao cálculo do coeficiente de difusão por ondulação superficial, a partir de soluções exatas para um modelo não linear que descreve a dinâmica dos padrões oscilatórios da superfície de corpos hídricos: a equação de Korteweg-de-Vries, também conhecida como modelo KdV.

capítulo 10
Cálculo de coeficientes de difusão

Este capítulo tem como colaborador o professor Volnei Borges
(UFRGS, Departamento de Engenharia Mecânica – Grupo de Estudos Nucleares)

No Capítulo 3, o processo de difusão foi descrito como uma forma decoerente de movimento advectivo. Nesse contexto, o coeficiente de difusão surge não como propriedade física, mas como parâmetro de transporte, definido em função do percurso livre médio e do período transcorrido entre duas colisões moleculares sucessivas. Por meio dessa abordagem, foi justificada a relação entre turbulência e mistura, isto é, foi elucidado o mecanismo pelo qual a presença de componentes flutuantes aumenta o coeficiente de difusão.

Além da turbulência, outro fenômeno capaz de promover a mistura entre substâncias de forma ainda mais intensa ocorre em escala macroscópica. A oscilação da superfície de corpos hídricos, provocada pela incidência de ventos, amplifica o coeficiente de difusão em até 10^7 vezes com relação ao movimento browniano e em até 100 vezes em relação à difusividade turbulenta. Neste capítulo, será estimado o coeficiente de difusão por oscilação superficial por meio de um modelo não linear que deriva das equações de Navier-Stokes. O coeficiente de difusão resultante, quando utilizado na equação advectivo-difusiva correspondente, diminui consideravelmente o desvio entre as distribuições de concentração obtidas e os respectivos dados experimentais.

Este é outro ponto no qual o leitor tenderia eventualmente a levantar uma dúvida, que a princípio pode parecer bastante razoável. Em escala geográfica, o número de Reynolds poderia atingir valores extremamente elevados, mesmo para velocidades de escoamento da ordem de poucos milímetros por segundo. Por exemplo, se o obstáculo para o escoamento em um determinado rio é uma ilha cuja dimensão característica é da ordem de 1 quilômetro, basta que a velocidade de escoamento seja de 1 milímetro por segundo para que o respectivo número de Reynolds resulte em torno de 10^6. Isso ocorre porque a viscosidade cinemática da água vale aproximadamente 10^{-6} m^2/s.

Esse resultado preliminar indicaria, a princípio, que o escoamento em torno de ilhas relativamente extensas tende a ser plenamente turbulento, mesmo para velocidades virtualmente desprezíveis. Assim, o coeficiente de difusão deveria resultar automaticamente elevado, de modo que, aparentemente, não haveria necessidade de levar em consideração qualquer outro fenômeno capaz de promover mistura, a fim de obter um valor realista para o respectivo coeficiente de difusão.

Naturalmente, esse argumento é inconsistente com a natureza das componentes flutuantes, produzidas na escala molecular e da rugosidade. Essas flutuações não podem depender da dimensão de um corpo submerso em escala geográfica, uma vez que esse obstáculo não produziria qualquer desvio em relação à corrente principal. Assim, o número de Reynolds, definido como o produto da velocidade típica do escoamento pela dimensão característica, e dividido pela viscosidade cinemática, não representa uma medida confiável da intensidade de turbulência de um escoamento. Bodmann et al. (2011) apresenta uma discussão mais ampla sobre o tema, na qual uma nova versão do número de Reynolds é formulada com base em duas escalas de movimento, em vez de uma única dimensão característica.

10.1 – Oscilação superficial e difusão em meio aquático

Com base em McCutcheon (1990), a propagação de poluentes em corpos hídricos tem sido efetuada utilizando modelos uni e bidimensionais advectivo-difusivos, mesmo para os casos nos quais a profundidade dos corpos hídricos é relativamente elevada. Isso ocorre porque, em geral, o campo de velocidades é medido a pequenas distâncias da lâmina d'água. Além disso, ainda que seja considerada a estratificação desse campo em relação à coordenada de cota, a difusão isotrópica por ondulação de superfície constitui o motivo da inclusão da componente de velocidade na coordenada z em modelos advectivo-difusivos. Na prática, isso significa que, lançando mão de um modelo bidimensional no qual o coeficiente de difusão seja corrigido, levando em consideração o efeito das ondas de gravidade, torna-se possível obter resultados tão representativos do cenário físico em estudo quanto aqueles resultantes de modelos tridimensionais.

Neste capítulo, será obtida uma estimativa para o coeficiente de difusão ao longo do lago Guaíba, situado na foz do rio Jacuí, junto à região metropolitana de Porto Alegre. Trata-se de um corpo hídrico tipicamente bidimensional, uma vez que sua extensão longitudinal e a distância entre suas margens são várias ordens de grandeza superior à sua profundidade em qualquer ponto considerado. Nesse manancial, a dispersão de determinados poluentes (especialmente compostos orgânicos fosforados) não pode ser adequadamente representada quando o valor do coeficiente de difusão é estimado a partir de modelos de turbulência. Isso ocorre porque a difusão é intensa mesmo em regiões relativamente estagnadas, onde esses modelos prescrevem baixos valores para a difusividade mássica. Os valores da difusividade, estimados utilizando modelos de turbulência, podem resultar inclusive nulos, pelo fato de não haver turbulência sem que exista uma corrente principal, a partir da qual é extraída energia cinética para a produção das componentes flutuantes, que caracterizam o movimento decoerente. No caso específico do lago Guaíba, existem diversas baías nas quais não há qualquer corrente principal, mas incidem ventos de alta velocidade, que produzem regiões alternadas de alta e baixa pressão, provocando o surgimento de ondulações. Dessa forma, em muitas regiões existe apenas oscilação superficial, de modo que qualquer estimativa para o coeficiente de difusão seria baseada em movimento browniano, resultando extremamente subestimada.

A utilização de um modelo hidrodinâmico tridimensional para avaliar o efeito da difusão isotrópica por ondulação de superfície ainda não constitui uma alternativa computacionalmente viável para estimar a difusividade mássica local. Nesse caso, o código-fonte correspondente demandaria tempo de processamento excessivo, tendo em vista a necessidade de estratificação de um domínio extenso e de geometria complexa. Assim, a melhor alternativa para tratar o problema na prática consiste em efetuar simulações baseadas em modelos advectivo-difusivos bidimensionais, empregando um modelo auxiliar para estimar o coeficiente de difusão.

O modelo proposto permite estimar a contribuição da transferência de massa por difusão isotrópica devido à formação de protuberâncias e depressões na superfície de corpos hídricos. Será mostrado em seções posteriores que, para as condições típicas de incidência de vento ao longo do lago Guaíba, o coeficiente de difusão estimado com base no modelo de oscilação superficial resulta cerca de 400 vezes superior ao valor do coeficiente clássico da lei de Fick, cujo mecanismo subjacente a ser considerado corresponde exclusivamente ao movimento browniano. Também será calculado um coeficiente de difusão não local para o lago Guaíba, baseado num modelo browniano em escala geográfica, a partir de características das suas ondulações superficiais.

O método utilizado para estimar o coeficiente de difusão é baseado na obtenção de soluções analíticas para a equação de Korteweg-de Vries (KdV), empregadas para estimar a difusividade mássica correspondente à ação das ondas de gravidade ao longo de corpos hídricos de baixa profundidade. As soluções obtidas são então empregadas para estimar a quantidade de água transferida de forma isotrópica a cada período de oscilação. A quantidade de água transferida, por sua vez, é utilizada como dado de entrada em um modelo análogo à lei de Fick, a fim de obter estimativas para a difusividade mássica. Serão apresentados mapas de concentração de fosfatos baseados em duas estimativas para o coeficiente de difusão, obtidas através de modelos de turbulência e de oscilação superficial.

10.2 – Soluções exatas para a equação KdV

A equação KdV foi deduzida em 1895 por Diederik Johannes Korteweg e Gustav de Vries, com base nas equações de Navier-Stokes, com o intuito de estimar a amplitude, a frequência e o número de ondas das vagas produzidas pela ação do vento e da gravidade na superfície de corpos hídricos de baixa profundidade. Com base em Whitham (1999), embora já existam na literatura soluções exatas para a equação KdV, elas não são adequadas para efetuar o cálculo do respectivo coeficiente de difusão, pelo fato de exigirem a avaliação de integrais numéricas. A equação KdV, dada por

$$f_t + 6ff_x = \nu f_{xxx} \qquad (10.1)$$

pode ser facilmente convertida em uma equação diferencial ordinária pela seguinte mudança de variáveis:

$$u = a_0 + a_1 \cdot x + a_2 \cdot t \qquad (10.2)$$

Reescrevendo a equação (10.1) em termos da nova variável u, resulta

$$a_2 \cdot \frac{df}{du} + a_1^3 \cdot \frac{d^3 f}{du^3} + 6 \cdot a_1 \cdot f \cdot \frac{df}{du} = 0 \qquad (10.3)$$

Nesta equação, as derivadas presentes em (10.1) foram redefinidas por meio da regra da cadeia. Essa equação pode sofrer uma redução de ordem pela integração direta. Integrando a equação (10.3) em u, resulta

$$a_2 \cdot f + a_1^3 \cdot \frac{d^2 f}{du^2} + 3 \cdot a_1 \cdot f^2 + a_3 = 0 \qquad (10.4)$$

Reagrupando as constantes, a equação (10.4) pode ser reescrita como

$$\frac{d^2 f}{du^2} + c_1 \cdot f^2 + c_2 \cdot f + c_0 = 0 \qquad (10.5)$$

Multiplicando todas as parcelas por $2df/du$ e integrando novamente em relação a u, essa equação sofre nova redução de ordem:

$$\left(\frac{df}{du}\right)^2 + \frac{2}{3} \cdot c_1 \cdot f^3 + c_2 \cdot f^2 + 2 \cdot c_0 \cdot f + c_4 = 0 \qquad (10.6)$$

Esta equação admite soluções exatas expressas em termos de funções racionais:

$$f = k_0 + \frac{k_1}{u} + \frac{k_2}{u^2} \qquad (10.7)$$

Utilizando (10.2) para reescrever (10.7) em termos das variáveis originais, obtém-se

$$f = k_0 + \frac{k_1}{a_0 + a_1 x + a_2 t} + \frac{k_2}{(a_0 + a_1 x + a_2 t)^2} \qquad (10.8)$$

De fato, substituindo a função dada por (10.8) na equação (10.1), são obtidas relações entre os parâmetros presentes nessa expressão:

$$k_0 = \frac{-a_2}{6 a_1} \qquad (10.9)$$

e

$$k_2 = -2 a_1^2 \qquad (10.10)$$

Assim, a solução exata para a equação KdV expressa em termos de funções racionais assume a forma

$$f(x,t) = -\frac{a_2}{6 a_1} + \frac{2 a_1^2}{(a_0 + a_1 x + a_2 t)^2} \qquad (10.11)$$

Essa solução constitui um caso típico de **soliton**, ou onda solitária, função que representa um padrão local que se desloca com velocidade constante, frequentemente associado a partículas em movimento. Diversas equações diferenciais não lineares costumam admitir soluções do tipo soliton. Nesse caso particular, essa solução, que tem o formato aproximado de um pico gaussiano, será utilizada para estimar a quantidade de água deslocada pela formação das vagas entre um elemento de volume e suas vizinhanças. Desse modo, podem-se obter valores médios ou locais para o respectivo coeficiente de difusão.

10.3 – Cálculo da difusividade mássica a partir da solução obtida

A fim de estimar o coeficiente de difusão, torna-se necessário avaliar a quantidade de água deslocada pela formação de uma vaga com formato de uma calota cilíndrica. Esse volume é obtido por meio da integração, na direção radial, do produto da amplitude por $2 \cdot \pi \cdot r$. Para tanto, a função f definida por (10.11) deve ser expressa em função da variável radial, em substituição à variável x:

$$v(r,t) = \int 2\pi r f(r,t) dr \qquad (10.12)$$

Substituindo $f(r,t)$ pela expressão correspondente na equação (10.11), a integral resulta imediatamente:

$$v = 4\pi\left(-\frac{r^2 a_2}{12 a_1} - \frac{2a_0}{a_0 + a_1 r + a_2 t} - \frac{2a_2 t}{a_0 + a_1 r + a_2 t} - 2\ln(a_0 + a_1 r + a_2 t)\right) \qquad (10.13)$$

Esse volume é deslocado em uma região correspondente ao raio da vaga em um intervalo de tempo igual à metade do seu período de oscilação. Desse modo, a vazão transferida de um elemento de volume situado abaixo da vaga correspondente para suas vizinhanças imediatas é dada por

$$Q = 4\pi\left(-\frac{r^2 a_2}{12 a_1} - \frac{2a_0}{a_0 + a_1 r + \frac{a_2 \tau}{2}} - \frac{2a_2 \tau}{a_0 + a_1 r + \frac{a_2 \tau}{2}} - 2\ln\left(a_0 + a_1 r + \frac{a_2 \tau}{2}\right)\right)$$

$$-4\pi\left(-\frac{2a_0}{a_0 + \frac{a_2 \tau}{2}} - \frac{2a_2 t}{a_0 + \frac{a_2 \tau}{2}} - 2\ln\left(a_0 + \frac{a_2 \tau}{2}\right)\right) \qquad (10.14)$$

onde τ representa o período de oscilação da vaga e r, seu raio. Consequentemente, a vazão mássica de poluente transferida pelo deslocamento desse volume de água vale

$$m = \left(4\pi\left(-\frac{r^2 a_2}{12 a_1} - \frac{2a_0}{a_0 + a_1 r + \frac{a_2 \tau}{2}} - \frac{2a_2 \tau}{a_0 + a_1 r + \frac{a_2 \tau}{2}} - 2\ln\left(a_0 + a_1 r + \frac{a_2 \tau}{2}\right)\right)\right.$$

$$\left. -4\pi\left(-\frac{2a_0}{a_0 + \frac{a_2 \tau}{2}} - \frac{2a_2 t}{a_0 + \frac{a_2 \tau}{2}} - 2\ln\left(a_0 + \frac{a_2 \tau}{2}\right)\right)\right) \qquad (10.15)$$

onde C é a concentração de poluente. Para o lago Guaíba, considerando condições típicas de vento, os parâmetros que definem o formato das ondulações superficiais, presentes na equação (10.11), são $a_0 = 3{,}1821$, $a_1 = 1$ e $a_2 = -1{,}185$. Esses valores foram obtidos a partir da amplitude máxima da oscilação que vale aproximadamente 0,05 m, período de oscilação τ de aproximadamente 0,5 segundos e raio de 0,5 m. Supondo unitária a concentração de poluente no interior do elemento de volume que se encontra abaixo da vaga, a concentração nas vizinhanças, depois de transcorrido o período de uma oscilação, é igual a 0,27 kg/cm^3.

De posse do volume de água transferido a cada período de oscilação da superfície do corpo hídrico, torna-se possível estimar os valores locais para o laplaciano da concentração e para a derivada primeira da concentração em relação ao tempo. O laplaciano é definido como a diferença entre o valor central da concentração e o seu valor médio nas vizinhanças:

$$\nabla^2 C = 1 - 0{,}2729 = 0{,}7271 \tag{10.16}$$

A derivada temporal, por sua vez, pode ser estimada por meio de uma diferença ascendente de primeira ordem:

$$\frac{\partial C}{\partial t} = \frac{1 - 0{,}7271}{\tau} \tag{10.17}$$

Finalmente, o coeficiente de difusão médio é definido como o quociente entre a derivada temporal e o laplaciano:

$$D = \frac{\dfrac{\partial C}{\partial t}}{\nabla^2 C} = 0{,}19 \text{ m}^2/\text{s} \tag{10.18}$$

O balanço de massa correspondente fornece valores aproximados de 0,72 e 0,13, respectivamente, para o laplaciano e a derivada temporal. Assim, o coeficiente de difusão resulta 0,19 m^2/s. Essa definição foi obtida diretamente da equação de difusão, assumindo *a priori* que a contribuição para o coeficiente de difusão devido ao movimento browniano é desprezível.

Com base no modelo formulado, o coeficiente de difusão para um corpo hídrico arbitrário pode ser correlacionado com a amplitude, o raio e a frequência de oscilação das vagas. Assim, campanhas de coleta de dados, realizadas ao longo do corpo hídrico em estudo, permitem determinar as características das vagas para cada condição típica de vento e, consequentemente, os parâmetros a_0, a_1 e a_2 associados a cada uma delas. Com base nesses parâmetros, podem ser obtidos os valores correspondentes para o coeficiente de difusão em qualquer corpo hídrico cuja profundidade é desprezível em relação à distância entre margens e o comprimento característico.

O coeficiente de difusão calculado com base no método proposto resultou em 0,19 m^2/s, para o lago Guaíba. Segundo Reichl (1980), a contribuição relativa ao movimento browniano é desprezível, pois, utilizando a definição do coeficiente de difusão em mecânica estatística:

$$D = \frac{l^2}{2\tau} \tag{10.19}$$

Assim, para o movimento browniano, l vale cerca de 10^{-10} m e $\tau \sim 10^{-17}$ s, resultando em $D \sim 5 \cdot 10^{-4}$ m²/s. O valor obtido é cerca de três ordens de grandeza inferior ao coeficiente de difusão estimado pelo modelo proposto, indicando que a estimativa do coeficiente de difusão deva ser baseada nas características hidrodinâmicas do corpo hídrico em estudo.

O modelo de mecânica estatística é basicamente colisional. Em outras palavras, baseia-se na análise das colisões ocorridas em uma população bastante elevada de moléculas, tratando-se, portanto, de um modelo em microescala. Contudo, a ideia de interação baseada nas colisões elásticas entre partículas pode ser transportada para a escala macroscópica sem grande dificuldade. Nessa perspectiva, as vagas produzidas pela oscilação do corpo hídrico podem ser consideradas, em escala geográfica, como partículas sujeitas ao movimento browniano, de modo que a equação (10.19) pode ser aplicada, bastando, para tanto, considerar o percurso livre médio (l) igual a r e o período entre duas colisões sucessivas (τ) igual ao próprio período de oscilações das vagas. Dessa forma, pode ser obtida outra estimativa para o coeficiente de difusão quando se considera um mecanismo similar ao movimento browniano em escala geográfica. Aplicando a equação (10.19) para o lago Guaíba, obtém-se

$$D = \frac{l^2}{2\tau} = \frac{(0,5 \text{ m})^2}{2 \cdot 05 \text{ s}} = 0,25 \text{ m}^2/\text{s} \tag{10.20}$$

A fim de obter uma melhor visualização da influência do valor da difusividade mássica na dispersão de poluentes no lago Guaíba, são apresentados a seguir na Figura 32, mapas relativos à concentração de fosfato na região do Lami, na zona sul de Porto Alegre.

De acordo com Fernandez (2007), as figuras à esquerda e à direita correspondem à simulação bidimensional do processo advectivo-difusivo, sendo que o mapa da direita corresponde a um coeficiente de difusão igual a 0,08 m²/s, estimado via modelos de turbulência, e o da esquerda, ao valor de 0,19 m²/s, conforme cálculo descrito na Seção 10.3. Cabe registrar que os mapas produzidos a partir dos valores de D calculados neste capítulo (0,19 m²/s e 0,25 m²/s) são praticamente idênticos.

O desvio quadrático médio entre os valores de concentração de fosfato calculados e os dados experimentais é da ordem de 23%, no mapa da direita. Por sua vez, o desvio quadrático médio correspondente é da ordem de 10%, no mapa da esquerda. Além disso, os resultados obtidos com a utilização do coeficiente de difusão baseado no modelo de turbulência, considerando toda a extensão do lago Guaíba, apresentam menor desvio perante os dados experimentais apenas em locais onde o escoamento é relativamente rápido; e, em regiões relativamente estagnadas, o desvio é bastante acentuado. De outra forma, quando se adota o coeficiente de difusão baseado no método proposto neste artigo, o desvio é relativamente uniforme ao longo de toda a extensão do corpo hídrico.

Neste ponto, cabe ressaltar que a proximidade dos valores obtidos pelo modelo proposto e pelo modelo de difusão baseado num mecanismo similar ao movimento browniano em escala geográfica, 019 m²/s e 0,25 m²/s, respectivamente, sugere que as vagas podem ser consideradas, de maneira aproximada, partículas independentes que obedecem a um modelo de interação baseado em colisões elásticas.

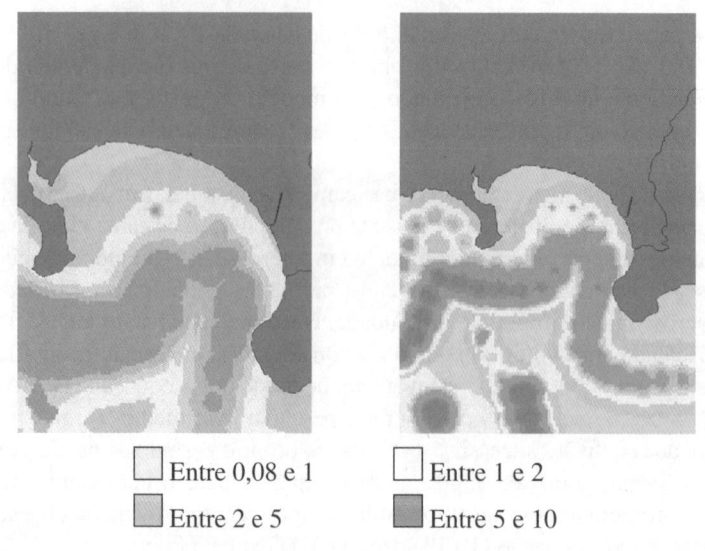

☐ Entre 0,08 e 1 ☐ Entre 1 e 2
■ Entre 2 e 5   ■ Entre 5 e 10

Figura 32 – Mapas de concentração de fosfato (mg/L) na praia do Lami, para valores do coeficiente de difusão estimados a partir de um modelo de turbulência ($D = 0,08$ m²/s) e do modelo de oscilação superficial ($D = 0,19$ m²/s)

Uma vez que os valores obtidos para o coeficiente de difusão, estimados com base no modelo de ondulação superficial e via modelo browniano em escala geográfica, são uma ordem de grandeza superiores ao valor estimado pelos modelos de turbulência, e tendo em vista que esses resultados apresentam menor discrepância perante os valores experimentais do que aqueles correspondentes ao emprego de um modelo de turbulência, conclui-se que o principal mecanismo responsável pela difusão do poluente não é a turbulência, mas a transferência de massa pela oscilação superficial. Essa conclusão é corroborada pelo fato de que o coeficiente de difusão calculado a partir de modelos de turbulência resulta relativamente elevado apenas em regiões onde o escoamento é rápido, que, no caso do lago Guaíba, correspondem às imediações do canal de navegação e ao braço oeste do delta do rio Jacuí. Entretanto, mesmo nessas regiões, os valores fornecidos por modelos de turbulência são subestimados. Quando se utiliza um coeficiente de difusão calculado via modelo de ondas de gravidade, é possível visualizar uma maior homogeneização das concentrações de fosfato na região analisada. Nesse caso, uma série de cargas locais foi introduzida ao longo da região, a fim de confirmar um efeito já mencionado em seções posteriores. No mapa correspondente ao coeficiente de difusão estimado via modelo de turbulência, essas cargas locais continuam isoladas em vez de formar uma única mancha. Esse efeito pode ser facilmente observado pelo aspecto geral do respectivo mapa de concentrações, que se apresenta ainda pontilhado de regiões cuja concentração resulta elevada.

Uma vez que existe uma acentuada estagnação das águas nessa região, o respectivo coeficiente de difusão turbulento resulta baixo, de modo que as regiões de alta concentração de fosfato não coalescem. Isso não é compatível com a situação real do lago Guaíba, no qual a oscilação superficial, mesmo em regiões onde existe baixa velocidade de escoamento, amplifica de forma significativa o mecanismo de propagação de poluentes por difusão isotrópica.

Cabe aqui outra observação fundamental. O leitor habituado a trabalhar com formulações numéricas pode eventualmente não concordar com parte dos argumentos expostos. Embora nas regiões estagnadas o valor do coeficiente de difusão possa realmente resultar muito baixo, nos locais onde a velocidade da corrente principal atinge valores suficientemente elevados a difusividade mássica estimada por modelos de turbulência parece produzir mapas de concentração compatíveis com as respectivas medidas experimentais. Entretanto, é preciso ter muito cuidado ao analisar mapas de concentração produzidos a partir de métodos numéricos. Caso o domínio não tenha sido discretizado em malha fina, o que é feito com frequência para reduzir o tempo de processamento requerido, ocorre o fenômeno chamado **difusão numérica**, característico das simulações nas quais o domínio foi dividido em regiões relativamente extensas. Esse fenômeno pode ser facilmente compreendido ao analisar qualquer formulação explícita. Ocorre que, a cada iteração efetuada, o poluente propaga-se por difusão de um elemento da malha até outro nodo vizinho, ou de um nó a outro adjacente, independente da distância entre os pontos considerados. Assim, dependendo do tamanho dos elementos considerados, o algoritmo emula a propagação do poluente a grandes distâncias em intervalos de tempo muito pequenos. Casos típicos de difusão numérica foram identificados no início da década de 1990, em um sistema semi-implícito em diferenças finitas, utilizado na simulação da propagação de poluentes no lago Guaíba. Esse sistema emulava a propagação de coliformes fecais por difusão a, aproximadamente, 10 metros por segundo. Assim, mesmo considerando estimativas relativamente baixas para o coeficiente de difusão, podem ser obtidos resultados consistentes com os respectivos dados de campo, de acordo com o tamanho dos elementos que compõem a malha correspondente.

Este capítulo encerra os tópicos básicos em fenômenos de transporte, fornecendo subsídios para a resolução de diversos problemas práticos em engenharia. No entanto, o tema pode ser consideravelmente aprofundado, com o objetivo de estabelecer importantes conexões com outras áreas da física. Para cursos de graduação em geral, os próximos cinco capítulos constituem leitura opcional, embora tenham importância fundamental no que diz respeito à compreensão dos mecanismos de transporte com maior nível de profundidade.

Cabe aqui uma recomendação ao pesquisador interessado em prosseguir a leitura do texto. Ao encontrar referências a fenômenos de que, eventualmente, não tenha conhecimento, procure interromper a leitura para consultar as referências citadas, mesmo que de forma superficial. Essas referências constituem pontos-chave para compreender as conexões entre fenômenos em diversas áreas do conhecimento.

PARTE 3
TÓPICOS AVANÇADOS

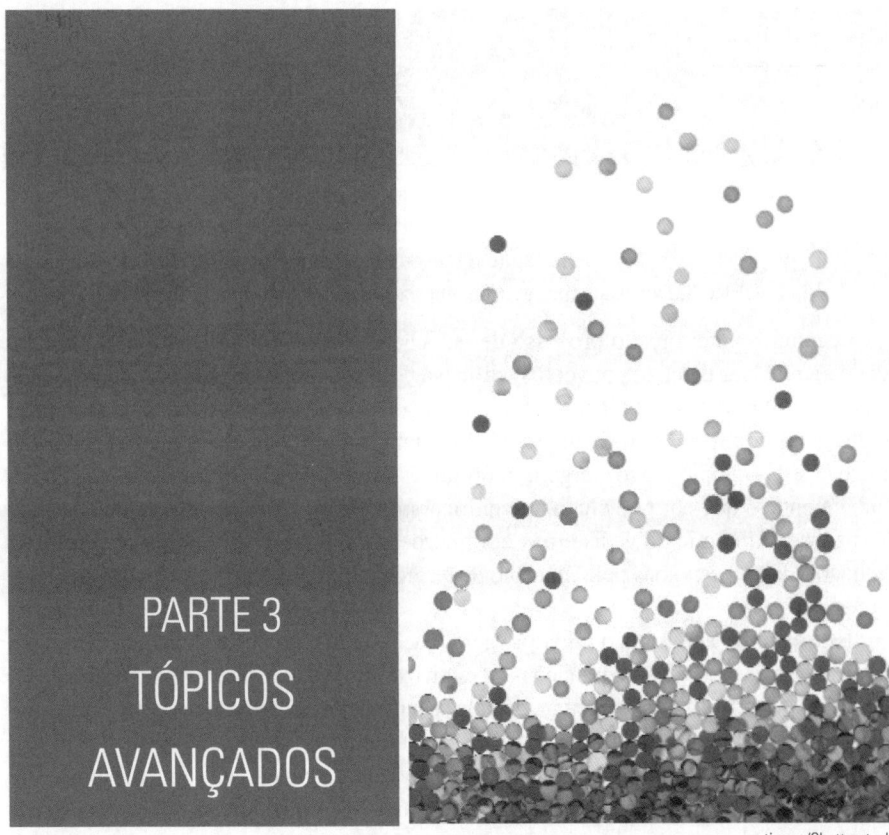

optimarc/Shutterstock

Capítulo 11: Leis de Fick generalizadas

Capítulo 12: Leis de conservação e relações de comutação

Capítulo 13: Conexão entre mecânica de fluidos e teoria eletromagnética

Capítulo 14: Modelos em microescala

Capítulo 15: Conexões entre fenômenos de transporte e química

capítulo 11
Leis de Fick generalizadas

Este capítulo tem como colaborador o professor Volnei Borges
(UFRGS, Departamento de Engenharia Mecânica – Grupo de Estudos Nucleares)

Nos capítulos anteriores, o processo de redução de ordem foi utilizado com frequência para resolver equações advectivo-difusivas. Entretanto, esse processo de produção das formas fatoradas não é apenas um método de obtenção de soluções, mas um princípio geral de formulação de modelos matemáticos para todas as áreas da física. Por meio desse princípio único, surgem importantes conexões entre diferentes áreas do conhecimento, o que permite elucidar e unificar pontos de vista aparentemente desconexos sobre a dinâmica dos sistemas em microescala, permitindo inclusive refinar as equações já apresentadas pela inclusão de termos relativos a mecanismos até então ignorados.

Este capítulo apresenta o princípio geral que orienta o processo pelo qual foram obtidas não só as soluções das equações advectivo-difusivas que descrevem o escoamento de fluidos viscosos, a transferência de calor e a propagação de poluentes em corpos hídricos, mas também a solução analítica para qualquer modelo conversível em uma forma advectivo-difusiva. O método empregado na resolução desses problemas baseia-se essencialmente no conceito de transformações de Bäcklund, exemplificado pelo mapeamento de soluções de equações diferenciais parciais lineares em novas soluções exatas de equações não lineares.

11.1 – Formas fatoradas como generalizações da lei de Fick

O sistema de equações diferenciais de primeira ordem

$$D\frac{\partial f}{\partial x} = af \qquad (11.1)$$

$$D\frac{\partial f}{\partial y} = bf \qquad (11.2)$$

no qual a e b são funções de x e y, pode ser utilizado para produzir modelos matemáticos para diversas áreas da Física por meio da aplicação do operador divergente. Esse processo, utilizado de forma recorrente ao longo do texto, será agora generalizado, iniciando pelos modelos bidimensionais em regime estacionário e finalizando com a formulação de modelos transientes tridimensionais. Aplicando o operador divergente sobre o sistema, resulta

$$\frac{\partial D}{\partial x}\frac{\partial f}{\partial x} + \frac{\partial D}{\partial y}\frac{\partial f}{\partial y} + D\left(\frac{\partial^2 f}{\partial x^2} + \frac{\partial^2 f}{\partial y^2}\right) = \left(\frac{\partial a}{\partial x} + \frac{\partial b}{\partial y}\right)f + a\frac{\partial f}{\partial x} + b\frac{\partial f}{\partial y} \quad (11.3)$$

Reagrupando os termos de primeira ordem, obtém-se

$$D\left(\frac{\partial^2 f}{\partial x^2} + \frac{\partial^2 f}{\partial y^2}\right) = \left(\frac{\partial a}{\partial x} + \frac{\partial b}{\partial y}\right)f + \left(a - \frac{\partial D}{\partial x}\right)\frac{\partial f}{\partial x} + \left(b - \frac{\partial D}{\partial y}\right)\frac{\partial f}{\partial y} \quad (11.4)$$

Esta equação pode ser interpretada de forma análoga ao modelo de Navier-Stokes contendo termos extras, relativos às derivadas espaciais da viscosidade cinemática. Naquele modelo, apresentado no Capítulo 9, as derivadas da viscosidade, que representa o coeficiente de difusão de quantidade de movimento, atuam como forças de curto alcance. Essas forças equivalem a campos locais de velocidade, cuja intensidade cai rapidamente a partir da interface sólida. De forma análoga, termos advectivos convencionais podem ser considerados campos de longo alcance. Assim, as noções de potencial de interação e termos advectivos passam a se tornar, em certo sentido, equivalentes. Essa equivalência pode ser verificada de maneira progressivamente mais precisa ao analisar outra possível forma para as equações advectivo-difusivas. Substituindo as derivadas de primeira ordem por suas expressões correspondentes nas equações (11.1) e (11.2), obtém-se um modelo na forma

$$D\left(\frac{\partial^2 f}{\partial x^2} + \frac{\partial^2 f}{\partial y^2}\right) = \left(\frac{\partial a}{\partial x} + \frac{\partial b}{\partial y}\right)f + \left(a - \frac{\partial D}{\partial x}\right)\frac{a}{D}f + \left(b - \frac{\partial D}{\partial y}\right)\frac{b}{D}f \quad (11.5)$$

Reagrupando termos, obtém-se

$$D\left(\frac{\partial^2 f}{\partial x^2} + \frac{\partial^2 f}{\partial y^2}\right) = \left[\frac{\partial a}{\partial x} + \frac{\partial b}{\partial y} + \left(a - \frac{\partial D}{\partial x}\right)\frac{a}{D} + \left(b - \frac{\partial D}{\partial y}\right)\frac{b}{D}\right]f \quad (11.6)$$

ou

$$D\left(\frac{\partial^2 f}{\partial x^2} + \frac{\partial^2 f}{\partial y^2}\right) = \left(\frac{\partial a}{\partial x} + \frac{\partial b}{\partial y} - \frac{a}{D}\frac{\partial D}{\partial x} - \frac{b}{D}\frac{\partial D}{\partial y}\right)f + \left(\frac{a^2 + b^2}{D}\right)f \quad (11.7)$$

Esta equação passa a ter uma nova interpretação do ponto de vista da microescala. Esse ponto de vista, que é usualmente adotado em um ramo da Física denominado **teoria de campos**, segundo Gross (1993), será intensivamente explorado para estabelecer uma analogia ampla com o ponto de vista da macroescala. Esta analogia permitirá elucidar diversos fenômenos aparentemente não relacionados, constituindo o ponto de partida para a formulação de um único modelo generalizado, baseado em relações de comutação, que será introduzido no Capítulo 12.

11.2 – Fenômenos de transporte e teoria de campos

A equação (11.7) pode ser interpretada da seguinte forma: o primeiro termo entre parênteses atua como um potencial de interação, cujas duas primeiras parcelas constituem termos atrativos ou repulsivos de longo alcance, enquanto as duas últimas representam termos de curto alcance. O segundo termo entre parênteses leva em consideração a presença de centros massivos. Assim, a equação (11.7) pode ser expressa em forma simplificada como

$$D\left(\frac{\partial^2 f}{\partial x^2} + \frac{\partial^2 f}{\partial y^2}\right) = Vf + mf \qquad (11.8)$$

Este modelo constitui um caso particular da equação de **Klein-Gordon**, que descreve as interações nucleares fortes, além de representar uma generalização natural da equação de **Schrödinger**, que rege a dinâmica dos processos envolvendo reações químicas. Essa equação descreve o rearranjo das nuvens eletrônicas dos átomos contidos nas moléculas dos reatantes ao longo do tempo. Essa informação permite verificar a formação de novas ligações e o rompimento de ligas já existentes, estabelecendo assim a estrutura dos compostos intermediários e dos respectivos produtos finais de reação.

Além desses modelos em microescala, as equações de **Maxwell**, que descrevem as interações eletromagnéticas, também se reduzem às equações de Klein-Gordon, quando expressas em termos de um campo de velocidades generalizado, chamado potencial vetorial de Maxwell.

A interpretação de modelos em teoria de campos parte da análise mecanicista do movimento para, posteriormente, refinar essa noção por meio de um argumento que concilia a hipótese do contínuo com uma exigência de natureza aparentemente corpuscular: a de que um fluido seja formado por moléculas que interagem entre si. A fim de compreender esse ponto de vista com maior nível de detalhe, suponha que um elétron percorra determinada distância em um intervalo de tempo suficientemente pequeno para que sua velocidade possa ser considerada constante. A princípio, bastaria medir a distância e o intervalo de tempo para obter sua velocidade instantânea, definida como o quociente entre as duas grandezas. Contudo, por trás desse raciocínio simples, existe uma premissa mecanicista que, embora seja implicitamente admitida, não necessariamente é válida: a de que o elétron observado em ambas as posições adjacentes seja realmente o mesmo. Se essa premissa não puder ser garantida, nem sequer faz sentido efetuar as medições e calcular a velocidade correspondente.

Estamos habituados a atribuir identidade aos objetos, pelo fato de reconhecermos diariamente padrões geométricos que são preservados durante intervalos razoáveis de tempo. Esses padrões, tais como uma bola de bilhar ou um carro que se desloca ao longo de uma rua, são exemplos de objetos tão massivos que o efeito dos campos com os quais interagem (radiação incidente, campos magnéticos etc.) não provoca alterações significativas em seu aspecto inicial. Assim, esses objetos preservam as características visuais que os tornam reconhecíveis, isto é, preservam sua identidade ao longo de intervalos apreciáveis de tempo. Entretanto, temos o costume de atribuir identidade não apenas a objetos massivos, mas a qualquer padrão geométrico reconhecível. Assim, quando observamos um letreiro luminoso, no qual uma notícia é exibida de forma que as letras se desloquem da esquerda para a direita, temos grande dificuldade para fixar o foco em uma pequena região específica do painel, a ponto de reconhecer que se trata apenas de um conjunto de lâmpadas acendendo e apagando segundo certa sequência.

De forma análoga, quando a torcida de um clube executa uma "ola" em um estádio de futebol, os espectadores situados a uma grande distância reconhecem um determinado padrão geométrico e acompanham seu respectivo movimento aparente. Isso ocorre mesmo que os observadores tenham consciência de que não existe qualquer translação longitudinal ocorrendo nas arquibancadas, mas apenas um movimento oscilatório transversal, que resulta do ato de levantar e sentar com certo grau de sincronismo. Esse efeito se torna ainda mais aparente ao analisarmos fenômenos em microescala.

Retornando agora ao caso do elétron, não existem provas experimentais de que essas partículas preservem sua identidade ao longo de qualquer processo dinâmico. Pelo contrário, os elétrons parecem se comportar mais como manifestações de um campo aparentemente contínuo, em analogia aos torcedores efetuando movimentos sincronizados. Tanto nos experimentos relativos a espalhamento de feixes de elétrons quanto no efeito fotoelétrico e em eventos de alta energia, como a formação de pares elétron-pósitron, parece haver um campo contínuo onde a presença aparente de partículas se manifesta como o resultado de padrões de interferência. Dessa forma, é preciso reformular a noção de movimento, levando em conta que um campo contínuo pode emular movimentos reconhecíveis como translacionais, rotacionais e vibracionais. Esse procedimento já foi iniciado no Capítulo 2, ao analisar o efeito da ação de exponenciais de operadores sobre funções de suporte compacto, isto é, funções cuja amplitude tende rapidamente a zero quando avaliadas fora de determinados intervalos. Muitas dessas funções constituem solitons, introduzidos no Capítulo 10, que constituem soluções de equações diferenciais não lineares. A análise da evolução temporal dessas soluções constitui um recurso imprescindível para compreender a natureza do movimento, bem como a dinâmica dos processos em microescala.

11.3 – Solitons

Grande parte das equações diferenciais não lineares admite soluções que podem ser interpretadas como partículas isoladas, que se deslocam com velocidade constante. Em geral, essas soluções são obtidas pela conversão de equações parciais em equações ordinárias, definindo um argumento único para a função incógnita. Um exemplo típico de soliton foi apresentado no capítulo anterior. Ao resolver a equação de Korteweg-de Vries, foi obtido um soliton na forma

$$f = k_0 + \frac{k_1}{a_0 + a_1 x + a_2 t} + \frac{k_2}{(a_0 + a_1 x + a_2 t)^2} \quad (11.9)$$

Essa função pode ser expressa com $f(x - ut)$, sendo $u = a_2/a_1$ a velocidade de translação da curva. Suponha agora que duas soluções de suporte compacto da equação KdV estejam separadas por uma grande distância no tempo $t = 0$ e que se aproximem à medida que o tempo passa. Naturalmente, a soma dessas duas soluções, que serão denotadas pelas funções a e b, em geral não resulta em uma nova solução, pois a equação é não linear. Em outras palavras, substituindo $a + b$ na equação KdV, obtém-se

$$\frac{\partial(a+b)}{\partial t} + 6(a+b)\frac{\partial(a+b)}{\partial x} = \frac{v(\partial^3(a+b))}{\partial x^3} \qquad (11.10)$$

Como ambas as funções satisfazem à mesma equação, quase todos os termos se cancelam, exceto os produtos entre uma das soluções e a derivada primeira da outra solução. Após cancelar termos, a equação (11.10) resulta simplificada:

$$6\left(a\frac{\partial b}{\partial x} + b\frac{\partial a}{\partial x}\right) = 0 \qquad (11.11)$$

Em geral, esta equação é satisfeita de forma aproximada quando a distância entre os picos das funções a e b é elevada. Como ambas as funções são de suporte compacto, a grandes distâncias, ambas as parcelas de (11.11) tornam-se desprezíveis. Nas regiões onde uma das funções assume valores significativos, a derivada da outra função em relação a x é praticamente nula. Desse modo, a combinação linear de duas soluções do tipo soliton resulta em uma nova solução para a respectiva equação diferencial não linear, apenas quando essas soluções são funções de suporte compacto cujos centros distam consideravelmente.

À medida que os solitons se aproximam, os termos extras tornam-se mais significativos, e assim a equação passa a ser violada, a menos que b seja inversamente proporcional à função a, caso no qual a equação (11.11) é satisfeita. Isso significa que, ao contrário do que ocorre nas equações diferenciais lineares, onde duas soluções que se aproximam simplesmente se sobrepõem, as soluções de equações não lineares produzem termos extras, que podem representar correções da sobreposição. Essas correções são chamadas **termos de interação**, porque os solitons se comportam da mesma forma que partículas carregadas ou moléculas ao interagir.

Toda equação não linear contém termos equivalentes ao de um potencial de interação. Dependendo do padrão de interferência produzido pelos termos extras, os solitons podem formar estados ligados, chamados bions, ou produzir novos solitons. Do ponto de vista da química, o primeiro caso pode ser interpretado como uma reação de adição, e o segundo, como a formação de um complexo ativado, que se decompõe em substâncias de menor peso molecular. Do ponto de vista da interação radiação-matéria, o primeiro caso pode ser interpretado como um estado de maior energia, produzido pela incidência de um feixe de radiação sobre certo meio material. O segundo caso pode ser descrito como um evento de espalhamento, no qual o feixe de radiação incide sobre um meio material que o absorve e, após um pequeno intervalo de tempo, reemite feixes secundários em várias direções. Quanto maior a diferença entre as frequências dos feixes primário e secundário, maior a mudança sofrida em relação à direção do feixe incidente. A equivalência entre esses dois pontos de vista será explorada em maiores detalhes no Capítulo 15, em que diversos eventos serão interpretados de forma integrada.

Assim como os solitons podem representar átomos ou moléculas que interagem entre si, formando ligações e subprodutos de reação, uma solução oscilatória pode representar populações de moléculas ou feixes de radiação compostos de várias frequências. A partir desse ponto, a noção de movimento passa a se tornar relativamente vaga, uma vez que se reduz a uma manifestação local de campos descritos por funções. Entretanto, é possível redefinir o conceito de velocidade, de modo que possa ser descrita como o resultado da dinâmica oscilatória de um determinado campo. Para tanto, é conveniente introduzir outro conceito fundamental: o de **corrente**.

11.4 – A noção de corrente

A fim de reformular o conceito de movimento como manifestação de um campo contínuo, podem-se redefinir as componentes do vetor velocidade em função da densidade local de um meio. Quando a trajetória de uma determinada partícula puntual é parametrizada, isto é, quando sua posição ao longo do tempo é descrita por um vetor contendo três funções conhecidas, a saber, $(x(t),y(t),z(t))$, as componentes do respectivo vetor velocidade são definidas como

$$u = \frac{dx}{dt} \tag{11.12}$$

$$v = \frac{dy}{dt} \tag{11.13}$$

e

$$w = \frac{dz}{dt} \tag{11.14}$$

No caso de um campo contínuo, descrito por uma função escalar que representa, por exemplo, a densidade do meio ($\rho(x,y,z,t)$), as componentes do vetor velocidade podem ser redefinidas com o auxílio da regra da cadeia:

$$u = \frac{dx}{dt} = \frac{\frac{\partial \rho}{\partial t}}{\frac{\partial \rho}{\partial x}} \tag{11.15}$$

$$v = \frac{dy}{dt} = \frac{\frac{\partial \rho}{\partial t}}{\frac{\partial \rho}{\partial y}} \tag{11.16}$$

e

$$w = \frac{dz}{dt} = \frac{\frac{\partial \rho}{\partial t}}{\frac{\partial \rho}{\partial z}} \tag{11.17}$$

Essas novas definições de componentes da velocidade podem ser interpretadas da seguinte forma: a função densidade varia no tempo, produzindo deformações locais, que podem ser tidas como uma população de partículas em movimento simultâneo.

Naturalmente, esse movimento pode resultar coerente ou decoerente, dependendo da dinâmica local que rege a variação da densidade no espaço e no tempo.

Com base nas expressões, pode ser definido um conceito relevante para proceder à generalização da lei de Fick: o conceito de corrente (não confundir com função corrente). Trata-se de um campo vetorial cuja definição depende da área específica da física, mas que pode ser facilmente generalizado, produzindo uma extensão natural da lei de Fick, aplicável a problemas em qualquer escala. Como exemplo, para problemas em eletromagnetismo, o vetor corrente é definido como, segundo Felsager (1998)

$$j = (\rho u, \rho v, \rho w) = \rho(u,v,w) \qquad (11.18)$$

onde ρ é a densidade de carga elétrica. Para problemas envolvendo transferência de calor e massa, a corrente é dada, respectivamente, por

$$j = (Tu, Tv, Tw) = T(u,v,w) \qquad (11.19)$$

e

$$j = (Cu, Cv, Cw) = C(u,v,w) \qquad (11.20)$$

No caso da mecânica de fluidos, cada uma das equações de Navier-Stokes possui um vetor de corrente definido como

$$j = (u_i u, u_i v, u_i w) = u_i(u,v,w) \qquad (11.21)$$

Nesta equação, u_i representa cada uma das componentes do vetor velocidade (u, v ou w), de acordo com a variável na qual é efetuado o balanço de quantidade de movimento (x, y ou z). O mesmo ocorre com a equação de Helmholtz, onde a função que multiplica o vetor velocidade na definição de j é a vorticidade. Assim, a lei de Fick pode ser generalizada da seguinte forma:

$$D \frac{\partial f}{\partial x} = af \qquad (11.22)$$

$$D \frac{\partial f}{\partial y} = bf \qquad (11.23)$$

$$D \frac{\partial f}{\partial z} = cf \qquad (11.24)$$

ou

$$D \nabla f = Vf \qquad (11.25)$$

Nesta equação, V representa o campo vetorial (a,b,c). Nos capítulos finais, essa forma fatorada sofrerá uma extensão adicional para quatro dimensões, a fim de estabelecer uma analogia ainda mais completa com as demais áreas da física. Essa analogia é crucial para compreender fenômenos em microescala que produzem importantes efeitos macroscópicos, tais como a crise do arrasto, a difusão anômala, efeitos da pressão osmótica e da tensão superficial etc. Contudo, para compreender melhor os modelos em quatro dimensões, e assim uniformizar os modelos matemáticos pertencentes a diversas áreas da física, é necessário adquirir familiaridade com a chamada notação indicial, uma forma compacta de reescrever as equações diferenciais que permite obter uma visão unificada de todos os processos físicos, estabelecendo uma importante via de comunicação direta entre profissionais de diversas áreas.

11.5 – A notação indicial

Assim como as derivadas parciais podem ser denotadas por três formas usuais, exemplificadas pela equivalência entre as expressões

$$\frac{\partial f}{\partial x} = f_x = \partial_x f \tag{11.26}$$

existe ainda uma quarta notação, mais apropriada para denotar campos vetoriais e tensoriais, que obedece às seguintes convenções:

$$\frac{\partial f}{\partial t} = f_t = \partial_t f = \partial_0 f \tag{11.27a}$$

$$\frac{\partial f}{\partial x} = f_x = \partial_x f = \partial_1 f \tag{11.27b}$$

$$\frac{\partial f}{\partial y} = f_y = \partial_y f = \partial_2 f \tag{11.27c}$$

e

$$\frac{\partial f}{\partial z} = f_z = \partial_z f = \partial_3 f \tag{11.27d}$$

Essas convenções permitem compactar a notação de campos vetoriais da seguinte maneira: para denotar a extensão em quatro dimensões do gradiente de uma função escalar f, basta utilizar a notação

$$\nabla f = \partial_\mu f \tag{11.28}$$

Uma vez que o parâmetro μ não foi especificado, o índice da variável independente pode valer 0, 1, 2 ou 3, de modo que uma única derivada denota todas as componentes do vetor que constitui o gradiente da função escalar. Para aplicações em outras áreas da física, é conveniente adotar também a seguinte convenção de sinais:

$$\partial_\mu f = (f_t, f_x, f_y, f_z) \qquad (11.29a)$$

e

$$\partial^\mu f = (-f_t, f_x, f_y, f_z) \qquad (11.29b)$$

Caso o campo f seja vetorial, como no caso do vetor velocidade nas equações de Navier-Stokes e Helmholtz, as próprias componentes estão sujeitas à mesma convenção de índices, mas obedecendo a uma convenção de sinais oposta à das derivadas parciais. Assim, o vetor velocidade, definido como

$$V = \left(\frac{\partial t}{\partial t}, \frac{\partial x}{\partial t}, \frac{\partial y}{\partial t}, \frac{\partial z}{\partial t}\right) = (1, u, v, w) = (u^0, u^1, u^2, u^3) \qquad (11.30)$$

passa a ser expresso na forma

$$V = u^\mu \qquad (11.31)$$

enquanto o vetor correspondente que possui a componente zero com sinal negativo é escrito como

$$\left(-\frac{\partial t}{\partial t}, \frac{\partial x}{\partial t}, \frac{\partial y}{\partial t}, \frac{\partial z}{\partial t}\right) = (-1, u, v, w) = (u_0, u_1, u_2, u_3) = u_\mu \qquad (11.32)$$

Também ocorre com frequência o uso da letra v em vez de u quando se trata das componentes do vetor velocidade, isto é, $V = v^\mu$ em vez de $V = u^\mu$.

Quando o campo em questão é tensorial, são empregados dois índices, tal como na notação matricial. Como exemplo, um tensor usualmente empregado em mecânica de fluidos consiste no produto do vetor velocidade por seu transposto:

$$V^{\mu\nu} = V \otimes V = (1, u, v, w)^T (1, u, v, w) = (v^0, v^1, v^2, v^3)^T (v^0, v^1, v^2, v^3) =$$
$$\begin{bmatrix} v^0 v^0 & \cdots & v^0 v^3 \\ \vdots & \ddots & \vdots \\ v^3 v^0 & \cdots & v^3 v^3 \end{bmatrix} = V^\mu V^\nu \qquad (11.33)$$

Nesta equação, o índice T denota transposição, de modo que o resultado da operação é o mesmo obtido quando multiplicado um vetor coluna por um vetor linha. Essa operação, também chamada **produto direto** ou **produto tensorial**, aumenta a **dimensionalidade**, isto é, transforma vetores em tensores. Para reduzir a dimensionalidade, tal como na aplicação de produtos internos, existe ainda uma regra adicional, chamada **convenção de Einstein**. Quando um índice se repete em um produto, assume-se que as parcelas obtidas devem ser somadas. Como exemplo, o produto escalar do vetor velocidade por ele próprio é expresso como

$$V \cdot V = (v^0, v^1, v^2, v^3) \cdot (v^0, v^1, v^2, v^3) = v^\mu v^\mu \qquad (11.34)$$

Assim, segundo essa convenção, não é necessário informar que se trata de um somatório dos produtos quando o índice se repete. De forma análoga, o divergente do vetor velocidade é expresso como

$$\nabla \cdot V = (\partial_0, \partial_1, \partial_2, \partial_3) \cdot (v^0, v^1, v^2, v^3) = \partial_\mu v^\mu \qquad (11.35)$$

Seguindo as mesmas convenções, obtém-se uma extensão do laplaciano de uma função escalar ao aplicar a extensão do operador divergente em quatro dimensões sobre a extensão do gradiente desse campo:

$$\nabla \cdot \nabla f = (\partial_0, \partial_1, \partial_2, \partial_3) \cdot (f_t, f_x, f_y, f_z) = f_{tt} + f_{xx} + f_{yy} + f_{zz} = \partial_\mu \partial_\mu f \qquad (11.36)$$

De forma semelhante, ao inverter o sinal da primeira componente do gradiente ou do divergente, obtém-se o dalembertiano de uma função, definido como

$$(-\partial_0, \partial_1, \partial_2, \partial_3) \cdot (f_t, f_x, f_y, f_z) = (\partial_0, \partial_1, \partial_2, \partial_3) \cdot (-f_t, f_x, f_y, f_z) =$$
$$= -f_{tt} + f_{xx} + f_{yy} + f_{zz} = \partial^\mu \partial_\mu f = \partial^\mu \partial_\mu f \qquad (11.37)$$

O operador dalembertiano figura em um dos modelos mais importantes da física nuclear e do eletromagnetismo: **a equação de Klein-Gordon**. Como será mostrado em capítulos posteriores, essa equação estabelece conexões entre diversas áreas da física.

11.5.1 – A origem dos termos advectivos

Quando o divergente é aplicado sobre o tensor que resulta do produto direto definido pela equação (11.33), surgem os termos advectivos não lineares que figuram nas equações de Navier-Stokes. Esse resultado pode ser verificado com facilidade ao utilizar a notação indicial. Note-se que, pela regra do produto,

$$\partial_\mu v^\mu v^\nu = (\partial_\mu v^\mu) v^\nu + v^\mu \partial_\mu v^\nu \qquad (11.38)$$

basta então identificar as duas parcelas resultantes com suas respectivas versões em notação convencional. De acordo com a equação (11.35), o termo entre parênteses é o divergente do campo de velocidades, sendo, portanto, nulo. O segundo termo consiste em um produto cujos fatores são identificados como o vetor velocidade (11.30) e um tensor que representa o seu próprio gradiente (11.35). Uma vez que nesse produto o índice μ se repete, trata-se de um produto escalar. Mas o produto escalar entre o vetor velocidade e seu próprio gradiente constitui precisamente o termo advectivo. Assim,

$$v^\mu \partial_\mu v^\nu = V \cdot \nabla V \tag{11.39}$$

Isso significa que toda a equação advectivo-difusiva pode sofrer redução de ordem, produzindo o gradiente de um campo e um produto direto. Essa generalização da lei de Fick é fundamental para estabelecer analogias entre diversos fenômenos físicos, bem como para elucidar certos efeitos considerados anômalos do ponto de vista puramente mecanicista.

11.5.2 – A derivada exterior

Até então os operadores gradiente e divergente foram expressos em notação indicial, que se revelou não apenas uma forma compacta de representação, mas também de manipulação de expressões. De fato, a obtenção dos termos advectivos pela aplicação do operador divergente torna-se uma operação bastante simples, de modo que a própria facilidade em deduzir novos resultados justifica plenamente o emprego da notação indicial. Entretanto, existe outro aspecto do emprego dessa notação que se mostra também vantajoso do ponto de vista conceitual. Ao generalizar o operador rotacional para quatro dimensões, surgiria a princípio uma dificuldade conceitual. Como formular uma extensão do determinante que define o operador em mais de três dimensões? Ocorre que, se o gradiente de um campo for subtraído de seu transposto, produz uma estrutura que constitui a generalização natural do operador rotacional para um número qualquer de componentes. Tomando como exemplo o gradiente do vetor velocidade, definido como

$$\nabla V = \partial_\mu v^\nu \tag{11.40}$$

seu respectivo transposto pode ser facilmente obtido pela troca de índices, tal como nas operações com matrizes:

$$(\nabla V)^T = \partial_\nu v^\mu \tag{11.41}$$

Subtraindo (11.40) de (11.41), obtém-se a derivada exterior do campo de velocidades:

$$\nabla V - (\nabla V)^T = \partial_\mu v^\nu - \partial_\nu v^\mu = \partial^\wedge V \tag{11.42}$$

Para problemas estacionários em duas dimensões, essa expressão se reduz a

$$\partial_1 v^2 - \partial_2 v^1 = \partial_x v - \partial_y u = \omega \tag{11.43}$$

enquanto para problemas tridimensionais essa operação produz o próprio vetor vorticidade. Assim, esse tensor pode ser considerado uma extensão do vetor vorticidade. Esse tensor constitui o ponto de partida para estabelecer relações entre a mecânica de fluidos e o eletromagnetismo.

11.5.3 Generalização da lei de Newton

A lei de Newton pode ser generalizada a partir de sua forma mais usual, estabelecendo uma analogia entre a mecânica de fluidos e a teoria eletromagnética. Tomando como ponto de partida a relação

$$F = ma \qquad (11.44)$$

que pode ser generalizada para quatro dimensões como

$$-\nabla V = m \frac{d^2 x^\mu}{dt^2} \qquad (11.45)$$

onde V é o potencial de Coulomb e a derivada segunda das coordenadas em relação ao tempo pode ser expressa como

$$\frac{d^2 x}{dt^2} = \frac{d}{dt}\left(\frac{dx^\mu}{dt}\right) = \frac{du^\mu}{dt} = \partial_0 u^\mu \qquad (11.46)$$

Mas o potencial de Coulomb constitui a componente zero do quadrivetor que representa o potencial de Maxwell, isto é,

$$\nabla V = \nabla A^0 = \partial_\mu A^0 \qquad (11.47)$$

Substituindo (11.47) e (11.46) em (11.45), obtém-se

$$\partial_\mu A^0 = m\, \partial_0 u^\mu \qquad (11.48)$$

A generalização natural dessa equação é obtida automaticamente ao substituir o índice zero pela variável v, que varia desde 0 até 3. Portanto, generalizar a lei de Newton equivale a produzir o sistema

$$\partial_\mu A^\nu = m\, \partial_\nu u^\mu \qquad (11.49)$$

Tomando agora a transposta da equação (11.49), obtida simplesmente pela permutação dos índices, resulta

$$\partial_\nu A^\mu = m\, \partial_\mu u^\nu \qquad (11.50)$$

O sistema pode agora ser antissimetrizado, subtraindo (11.49) de (11.50):

$$\partial_\mu A^\nu - \partial_\nu A^\mu = m(\partial_\nu u^\mu - \partial_\mu u^\nu) \qquad (11.51)$$

No membro esquerdo dessa equação, figura a derivada exterior do potencial vetorial de Maxwell, conhecida como tensor de **Maxwell**:

$$F^{\nu\mu} = \partial_\mu A^\nu - \partial_\nu A^\mu = \partial^\wedge A \qquad (11.52)$$

O tensor de Maxwell, por sua vez, está relacionado com os vetores campo elétrico e indução magnética:

$$F^{\nu\mu} = \begin{bmatrix} 0 & -E_x & -E_y & -E_z \\ E_x & 0 & B_z & -B_y \\ E_y & -B_z & 0 & B_x \\ E_z & B_y & -B_x & 0 \end{bmatrix} \qquad (11.53)$$

No membro direito de (11.51) está o tensor vorticidade generalizada, que possui estrutura análoga:

$$\Omega^{\nu\mu} = \begin{bmatrix} 0 & -\varepsilon_x & -\varepsilon_y & -\varepsilon_z \\ \varepsilon_x & 0 & \omega_z & -\omega_y \\ \varepsilon_y & -\omega_z & 0 & \omega_x \\ \varepsilon_z & \omega_y & -\omega_x & 0 \end{bmatrix} \qquad (11.54)$$

Note-se que ω_x, ω_y e ω_z correspondem às componentes da indução magnética, B_x, B_y e B_z, embora as demais componentes, denotadas por ε, que seriam correspondentes às componentes do vetor campo elétrico, não existem na teoria clássica em mecânica de fluidos. Isso ocorre porque as equações de Navier-Stokes foram deduzidas a partir da lei de Newton em sua forma original. As componentes do tensor vorticidade que são associadas ao campo elétrico podem ser interpretadas de forma análoga à de qualquer componente do vetor vorticidade original. A Figura 33 mostra um elemento de área sofrendo cisalhamento no plano $x\,t$.

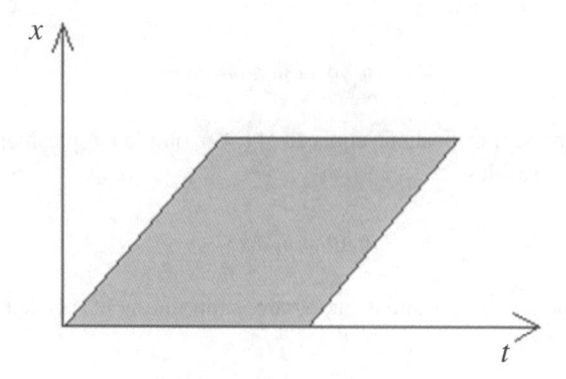

Figura 33 – Cisalhamento de um elemento de área no plano $x\,t$

Nesse caso, a frenagem na direção t implica o surgimento de uma componente de velocidade na direção x, que pode ser interpretado da seguinte forma: a partir do instante $t = 0$ surge uma fonte em torno da coordenada $x = 0$, o que indica que passa a haver repulsão eletromagnética em relação à origem. Caso os eixos estivessem trocados, o travamento estaria ocorrendo na direção x, o que caracterizaria atração. Assim, os termos extras no tensor vorticidade, que contém derivadas temporais do vetor velocidade, são relacionados às interações entre as moléculas, mecanismo que até então não foi levado em consideração nos modelos hidrodinâmicos. Essa interpretação será retomada no Capítulo 14, onde a análise de eventos nos diagramas $x\,t$ fornecerá novos subsídios para refinar essa interpretação inicial. Por ora, o aspecto mais importante dessa analogia preliminar entre mecânica de fluidos e eletromagnetismo é puramente conceitual. O simples aumento da dimensionalidade dos campos é suficiente para introduzir novos mecanismos nas respectivas equações dinâmicas. Nesse caso, o aumento da dimensionalidade do vetor vorticidade, que produziu o tensor vorticidade generalizada, foi acompanhado da inclusão de novos termos de cisalhamento, que correspondem às interações eletromagnéticas.

Em resumo, o aumento da dimensionalidade, efetuado ao generalizar a lei de Newton com o auxílio da notação indicial, revelou a necessidade de incluir termos extras nas equações de Navier-Stokes. Esses termos devem ser incluídos a fim de considerar as interações entre as moléculas, sem as quais não seria possível sequer manter a estabilidade do estado líquido. Convém lembrar que até mesmo fenômenos considerados cotidianos, tais como a evaporação de poças à temperatura ambiente e a cavitação de bombas, ocorrem como consequência da ruptura dessas interações intermoleculares, chamadas **ligações de Van der Waals**. A interpretação detalhada desse modelo envolve argumentos de maior profundidade, para os quais se torna necessário compreender os princípios básicos de modelagem matemática. Esse tema, usualmente considerado fora de escopo para textos de engenharia, será amplamente discutido no próximo capítulo.

capítulo 12
Leis de conservação e relações de comutação

Este capítulo tem como colaborador o professor Volnei Borges
(UFRGS, Departamento de Engenharia Mecânica – Grupo de Estudos Nucleares)

Na formulação de modelos que descrevem fenômenos em microescala, tais como interação radiação-matéria e reações químicas, existe uma preocupação natural em preservar conceitos puramente mecanicistas. No entanto, esses conceitos, herdados da macroescala, muitas vezes deixam de fazer sentido nesse contexto específico. Como exemplo, o conceito de partícula, originado da experiência mecanicista diária, perde o sentido quando aplicado a problemas envolvendo espalhamento de radiação. Mesmo em modelos macroscópicos baseados na hipótese do contínuo, o conceito permanece implicitamente presente nas formulações, como se fosse totalmente compatível com essa hipótese. Por exemplo, a derivada material, que figura em modelos macroscópicos em fenômenos de transporte, é um operador cuja formulação tem origem na parametrização do movimento de um ponto ao longo do tempo. A parametrização reflete a necessidade de acompanhar a trajetória de um objeto, sendo, portanto, baseada na nossa própria tendência a identificar padrões e, consequentemente, no costume de atribuir identidade a essas estruturas locais. Isso ocorre quando alguém observa uma nuvem e, eventualmente, identifica o formato de objetos familiares em determinadas regiões do campo de visão. De forma análoga, quando lemos notícias de rodapé em uma televisão, reconhecemos letras se deslocando da direita para a esquerda da tela.

Ao atribuir identidade a esses padrões visuais locais, estabelecemos de forma inconsciente a noção de partícula e, por consequência, de movimento. Isso ocorre porque não se pode atribuir velocidade a um determinado objeto sem que se tenha antes atribuído identidade. Em particular, para considerar que um elétron possui determinada velocidade, é necessário antes garantir que este esteve ao menos em duas posições sucessivas ao longo de um determinado intervalo de tempo. Entretanto, não existe qualquer garantia concreta de que um elétron observado em determinada posição seja realmente o mesmo detectado em uma posição anterior. Na verdade, nem mesmo faz sentido estabelecer qualquer condição que garanta a preservação da identidade dessa partícula, uma vez que não existem sequer critérios objetivos para defini-la.

Assim como o reconhecimento visual de padrões locais não pode garantir a identidade de um objeto, um conjunto de medições não pode estabelecer a existência de partículas. De forma análoga, determinar o valor numérico de funcionais, isto é, aplicar operadores sobre funções e efetuar posteriormente a integração das funções obtidas sobre uma região, apenas informa, na melhor das hipóteses, o comportamento local de um determinado campo.

Embora a identificação de padrões desempenhe um papel fundamental na execução de atividades diárias, e até mesmo na interpretação de alguns modelos específicos, esse procedimento torna-se inconveniente quando se procura sondar a natureza dos processos em microescala. A fim de obter um modelo em microescala que seja, na medida do possível, independente de qualquer processo de identificação de padrões, é preciso que este seja também isento de conceitualização. Exemplos típicos de conceitualização consistem na atribuição de significado físico a determinados campos, tais como temperatura e velocidade. Adquirimos uma falsa familiaridade com o conceito de temperatura, apenas pelo hábito de utilizar esse termo com frequência em diversos contextos. Entretanto, basta recordar que esse escalar representa uma informação truncada, que se refere ao espectro da radiação incidente, para que essa aparente intimidade com o termo deixe de existir. No caso da velocidade, esse campo vetorial foi obtido a partir da parametrização da trajetória de um ponto, como já foi mencionado, e reflete apenas nosso costume de atribuir identidade a padrões locais que o campo manifesta.

Essa identificação de padrões torna-se ainda mais tendenciosa quando são analisados os conceitos de campo elétrico e magnético. Basta, para tanto, lembrar que esses campos vetoriais podem ser expressos em termos do potencial vetorial de Maxwell e que suas componentes podem ser reagrupadas em um único tensor. Desse modo, a aparente distinção entre os conceitos de campo elétrico e magnético permanece relevante apenas para aqueles que se familiarizaram com esses termos pelo uso frequente em suas atividades cotidianas. Na área de fenômenos de transporte, o tensor de Maxwell corresponde à generalização do campo de vorticidade para quatro dimensões. Desse modo, pode ser estabelecida uma correspondência indireta entre o potencial vetorial de Maxwell e o campo de velocidades de um escoamento. Essa correspondência não constitui apenas uma simples analogia, mas um ponto de partida para a reformulação dos modelos matemáticos em geral.

Na tentativa de formular um modelo local minimamente tendencioso, no que se refere à identificação de padrões e, consequentemente, à conceitualização, é preciso que este constitua não uma equação diferencial, mas uma equação de evolução envolvendo apenas operadores diferenciais. Para que não haja conceitualização, isto é, identificação de um campo com uma grandeza física em particular, a formulação básica deve ser independente do campo sobre o qual os operadores são aplicados, seja este escalar, vetorial ou tensorial. O processo de formulação do modelo é apresentado a seguir.

12.1 – Ideia básica

O modelo proposto pode ser compreendido ao revisar o conceito de tempo próprio com base na descrição de uma situação hipotética. Suponha que um observador percorre uma estrada a alta velocidade e que exista uma sequência de cartazes dispostos ao longo do caminho. Se esses cartazes contêm quadros sucessivos de uma determinada animação gráfica, o observador tende a interpretar essa sequência de quadros como um filme que descreve a dinâmica de determinado fenômeno. Assim, seu tempo próprio é o eixo da estrada, que é considerado uma coordenada espacial para um observador parado em relação aos cartazes. Caso não haja qualquer outro conjunto de objetos dispostos ao longo da estrada, a noção de tempo para o observador que se desloca sobre ela está relacionada à velocidade com a qual a estrada é percorrida, a distância entre os quadros e a taxa de amostragem com a qual foram visualmente registrados. Caso esteja chovendo, a velocidade pode ser avaliada pelo acúmulo de gotas ao longo de uma superfície imaginária, disposta perpendicularmente ao eixo da estrada. Essa grandeza, que constitui uma medida de densidade, seria a única referência para avaliar a velocidade sobre o eixo que define o tempo próprio, caso os cartazes fossem retirados. A densidade seria, portanto, uma medida da componente da velocidade na direção do tempo. Essa conclusão é compatível com a equação da continuidade para escoamentos compressíveis.

Suponha agora que, em vez de cartazes, existisse uma neblina cuja densidade variasse ao longo de todos os eixos espaciais e que houvesse um segundo observador percorrendo outra estrada disposta perpendicularmente à primeira. Nesse caso, ao percorrer a neblina, cada um dos observadores enxergaria uma animação diferente, embora se tratasse essencialmente da mesma estrutura. Em outras palavras, a função densidade evoluiria de forma diferente para cada observador, apenas pelo fato de ser percorrida em direções distintas. Imagine que os observadores procurassem descrever a dinâmica do sistema por meio de modelos locais, tais como equações diferenciais de mesma ordem, nas quais figurasse uma derivada temporal e um operador contendo derivadas espaciais aplicadas à mesma função incógnita. Nesse caso, seus modelos difeririam basicamente apenas pela permutação das variáveis que representam seus tempos próprios e pelos operadores nos quais figuram derivadas em todas as demais variáveis consideradas. Esse modelo é formulado a seguir.

12.2 – Formulação básica

Do ponto de vista do observador, para o qual o tempo próprio corresponde à coordenada chamada t, a equação que descreve o processo de evolução do sistema pode ser expressa como

$$\frac{\partial f}{\partial t} = Af \qquad (12.1)$$

Nesta equação, A representa um operador diferencial que contém derivadas em relação a todas as variáveis independentes, com exceção do tempo. Do ponto de vista do observador para o qual o tempo próprio corresponde à coordenada x, esse modelo assume uma forma análoga, sendo definido como

$$\frac{\partial f}{\partial x} = Bf \qquad (12.2)$$

onde B é um operador que não contém derivadas em relação a x. Uma vez que a função incógnita deve resultar idêntica para ambos os observadores, é necessário impor a igualdade entre as duas possíveis definições para a derivada cruzada:

$$\frac{\partial^2 f}{\partial x \partial t} = \frac{\partial A}{\partial x} f + A \frac{\partial f}{\partial x} = \frac{\partial B}{\partial t} f + B \frac{\partial f}{\partial t} \qquad (12.3)$$

Nesta equação, as derivadas dos operadores são obtidas ao derivar seus coeficientes, mantendo inalterada sua estrutura original. Assim, quando os operadores possuem coeficientes constantes, suas derivadas são nulas. Substituindo as derivadas de f por suas respectivas expressões em (12.1) e (12.2), obtém-se

$$\frac{\partial A}{\partial x} f + ABf = \frac{\partial B}{\partial t} f + BAf \qquad (12.4)$$

Reagrupando termos, resulta

$$\frac{\partial A}{\partial x} f - \frac{\partial B}{\partial t} f = ABf - BAf \qquad (12.5)$$

ou

$$\left(\frac{\partial A}{\partial x} - \frac{\partial B}{\partial t} \right) f = [A,B] f \qquad (12.6)$$

Para que o modelo seja independente de conceitualização, esse resultado deve ser considerado independente da função f, de modo que possa ser interpretado como uma **relação de comutação**. Segundo Olver (2000), Ibragimov (1995) e Bluman e Kummei (1989), relações de comutação são amplamente utilizadas tanto na formulação de modelos quanto na resolução das equações resultantes. No caso em estudo, a equação (12.6) reduz-se a uma identidade quando aplicada a um campo f, pois a relação de comutação é válida para qualquer função sobre a qual sejam aplicados os operadores envolvidos. Isso significa que qualquer modelo gerado a partir de uma relação de comutação é inerentemente exato, ao contrário das leis de conservação, que estão sujeitas à verificação experimental. Em suma, uma relação de comutação sempre produzirá um modelo exato, mas não necessariamente completo, dependendo da dimensionalidade do campo sobre o qual é aplicado. Para compreender melhor a importância desse ponto de vista, é necessário considerar a natureza dos operadores presentes na equação (12.6).

A fim de garantir que as derivadas presentes no membro esquerdo de (12.6) não sejam nulas em todos os pontos do domínio considerado, os coeficientes de A e B devem ser variáveis, premissa que foi adotada implicitamente na obtenção do modelo. Entretanto, esses coeficientes não podem ser funções conhecidas das variáveis independentes, porque a equação sofreria alterações de um ponto para outro, o que violaria sua condição de modelo local independentemente da posição. Em outras palavras, como não existem mecanismos naturais de avaliação direta de coordenadas absolutas, a única forma de reconhecer ao menos coordenadas locais seria por meio de variações da própria função incógnita. Desse modo, os coeficientes dos operadores devem ser dependentes de f para que possam variar, isto é, a equação (12.6) deve ser obrigatoriamente autônoma e, portanto, não linear.

Uma vez que os operadores A e B devem ser não lineares, a relação de operador e operando torna-se ambígua. A fim de esclarecer esse ponto, basta reconsiderar as noções usuais de operador e operando. Por exemplo, uma função pode ser considerada um procedimento que transforma determinado número em outro. Nesse caso, a função atua como operador, sendo o número um objeto a transformar, isto é, o operando. Quando é definido um operador diferencial linear, que transforma certa função em outra, a função torna-se o operando. Entretanto, essa situação muda quando o operador diferencial em questão é não linear. Ao aplicar o operador sobre uma função, esta se converte em outra, o que muda o próprio operador, pois altera seus coeficientes. Assim, embora a presença explícita da função f na equação (12.6) não tenha qualquer importância, a função já está presente nos coeficientes dos operadores A e B. Como consequência, essa equação pode ser considerada uma relação entre operadores, que define a evolução de cada um deles de acordo com o estado atual do sistema:

$$B_t - A_x = [A,B] \qquad (12.7)$$

Nesta equação, a notação de derivada parcial como índice foi utilizada de forma intencional, pelo fato de haver na literatura uma relação similar em teoria de campos. Exceto pela presença da derivada do operador A em relação a x, a estrutura da equação (12.7) seria idêntica ao modelo evolutivo que caracteriza o operador hamiltoniano como gerador de translações temporais, de acordo com Sisson e Pitts (1986).

Uma vez que a relação de comutação (12.7) é válida para qualquer par de variáveis independentes, existem seis equações dessa forma para as variáveis t, x, y e z, que podem ser expressas como uma única equação em forma tensorial. Renomeando os operadores A e B como O^0 e O^1, respectivamente, e criando outros dois operadores para compor um vetor de quatro componentes, essa equação pode ser expressa como

$$\partial_\alpha O^\beta - \partial_\beta O^\alpha = [O^\alpha, O^\beta] \qquad (12.8)$$

Esta equação é obtida por meio das expressões que definem todas as derivadas cruzadas, tomando como ponto de partida um sistema que constitui a extensão natural daquele formado pelas equações (12.1) e (12.2). Esse sistema é definido como

$$\partial_\alpha f = O^\alpha f \qquad (12.9)$$

Além da equação (12.8), uma forma escalar pode ser obtida ao aplicar o operador divergente generalizado sobre (12.9):

$$\partial_\alpha \partial^\alpha f = \partial_\alpha O^\alpha f + O_\alpha O^\alpha f \qquad (12.10)$$

No Capítulo 13, essa equação de Klein-Gordon não homogênea será utilizada para estabelecer conexões entre o eletromagnetismo e a mecânica de fluidos.

capítulo 13
Conexão entre mecânica de fluidos e teoria eletromagnética

Este capítulo tem como colaborador o professor Volnei Borges
(UFRGS, Departamento de Engenharia Mecânica – Grupo de Estudos Nucleares)

13.1 – Relações de comutação e equações de Maxwell

Uma vez que a equação (12.7) se torna uma identidade no momento em que se estabelece a relação de comutação (12.6) como modelo original de evolução de operadores, surge a possibilidade de obter modelos físicos conhecidos por meio da escolha dos operadores A e B, seguida da identificação de determinados termos da equação resultante. Como exemplo, escolhendo inicialmente

$$A = \partial_t \qquad (13.1)$$

e

$$B = \nabla \qquad (13.2)$$

o membro esquerdo de (12.7) anula-se, uma vez que os operadores possuem coeficientes constantes. Nesse caso específico, os operadores envolvidos comutam entre si, de modo que a equação (12.7) se reduz a $[A,B] = 0$. A equação diferencial obtida por meio dessa relação de comutação, dada por

$$[A, B]f = \partial_t \nabla \cdot f - \nabla \cdot \partial_t f = 0 \qquad (13.3)$$

constitui uma identidade, porque o resultado não depende da função sobre a qual os operadores são aplicados. Levando em conta esse fato e generalizando a expressão ao acrescentar o espaço nulo dos operadores presentes, a identidade pode ser expressa como

$$\partial_t \nabla \cdot (f + \nabla x g) - \nabla \cdot \partial_t (f + k) \equiv 0 \qquad (13.4)$$

Nesta equação, g representa um campo vetorial arbitrário e k, uma função escalar que não depende do tempo. Essa identidade pode voltar a ser interpretada como equação ao atribuir significado particular a um de seus termos. Como o divergente de um campo vetorial resulta em uma função escalar, que pode ser interpretada como uma densidade generalizada, torna-se então possível arbitrar

$$\nabla \cdot f = \rho \qquad (13.5)$$

Esta equação, chamada **lei de Gauss**, foi obtida simplesmente ao atribuir significado físico a um determinado campo. Contudo, essa conceitualização tem a seguinte consequência: se o divergente do campo vetorial f representa uma função densidade generalizada, a derivada temporal desse campo deve obrigatoriamente representar uma corrente generalizada. Isso ocorre porque a função densidade corresponde ao traço de tensores quadráticos ou bilineares, definidos, respectivamente, como o produto tensorial de um vetor por ele mesmo ou por seu complexo conjugado:

$$T^{\mu\nu} = v \otimes v = [v_0, v_1, v_2, v_3]^T [v_0, v_1, v_2, v_3] = \begin{bmatrix} v_0^2 & \cdots & v_0 v_3 \\ \vdots & \ddots & \vdots \\ v_3 v_0 & \cdots & v_3^2 \end{bmatrix} = v^{\mu} v^{\nu} \qquad (13.6)$$

$$T^{\mu\nu} = v \otimes v^* = [v_0, v_1, v_2, v_3]^T [v_0^*, v_1^*, v_2^*, v_3^*] = \begin{bmatrix} v_0 v_0^* & \cdots & v_0 v_3^* \\ \vdots & \ddots & \vdots \\ v_3 v_0^* & \cdots & v_3 v_3^* \end{bmatrix} = v^{\mu} v^{\nu} \qquad (13.7)$$

Nestas equações, v representa um campo vetorial, e o índice * denota seu complexo conjugado. Independente da aplicação específica do modelo, que define a forma particular do tensor, a derivada da linha zero em relação ao tempo representa, a menos de um sinal, a corrente associada à densidade definida como $Tr(T^{\mu\nu})$. Assim, a identificação

$$\partial_t f = -j \qquad (13.8)$$

surge como consequência indireta de (13.4), de modo que essa identidade passa a representar a equação da continuidade:

$$\partial_t \rho + \nabla \cdot j = 0 \qquad (13.9)$$

Uma vez que a derivada temporal comuta com os operadores divergente e rotacional, a equação (13.4) pode também ser expressa na forma

$$\nabla \cdot (\partial_t f + \nabla x \partial_t g - \partial_t f) \equiv 0 \qquad (13.10)$$

Substituir (13.9) na segunda ocorrência da derivada temporal de f resulta

$$\nabla \cdot (\partial_t f + \nabla x \partial_t g + j) = 0 \qquad (13.11)$$

A exemplo de diversos modelos apresentados ao longo do texto, essa equação pode sofrer redução de ordem. Uma vez que o divergente do campo representado pelo conteúdo entre parênteses é nulo, esse conteúdo deve ser composto pela soma de campo puramente solenoidal com o gradiente de uma função harmônica:

Conexão entre mecânica de fluidos e teoria eletromagnética 135

$$\partial_t f + \nabla x \partial_t g + j = \nabla xs + \nabla h \qquad (\nabla^2 h = 0) \qquad (13.12)$$

Reagrupando termos, obtém-se

$$\partial_t f - \nabla x(s - \partial_t g) = -j + \nabla h \qquad (13.13)$$

Basta agora especificar os campos vetoriais para obter uma equação diferencial que descreve algum fenômeno físico em particular. Por exemplo, de acordo com Felsager (1998), identificando o conteúdo entre parênteses como a indução magnética e a função f como o campo elétrico, a equação (13.13) torna-se uma extensão da **lei de Ampère**:

$$\partial_t E - \nabla xB = -j + \nabla h \qquad (13.14)$$

Esta relação reduz-se à própria lei de Ampère ao especificar a função harmônica, escolhendo h como constante. Redefinindo agora o operador B como o rotacional e mantendo a definição de A como derivada temporal, a relação de comutação reduz-se a outra identidade:

$$\partial_t \nabla xf - \nabla x \partial_t f \equiv 0 \qquad (13.15)$$

Esta identidade pode também ser generalizada ao acrescentar campos que representam o espaço nulo dos operadores escolhidos:

$$\partial_t \nabla x(f + \nabla a) - \nabla x \partial_t (f + m) \equiv 0 \qquad (13.16)$$

Nesta equação, a e m representam funções escalares. Identificando

$$\partial_t (f + m) = -E \qquad (13.17)$$

automaticamente, decorre que

$$\nabla x(f + \nabla a) = B \qquad (13.18)$$

porque o campo f passa a representar o potencial vetorial de Maxwell (A), sendo a derivada temporal de m identificada como o gradiente da primeira componente desse potencial (A_0). Assim, ao substituir (13.17) e (13.18) em (13.16), resulta a **lei de Faraday**, de acordo com Felsager (1998):

$$\partial_t B + \nabla xE = 0 \qquad (13.19)$$

Note-se que três das equações de Maxwell, a saber (13.14), (13.19) e a lei de Gauss, representada pela equação (13.5) para $f = E$, foram obtidas utilizando somente identidades. O mesmo ocorre com a equação

$$\nabla \cdot B = 0 \qquad (13.20)$$

obtida ao aplicar o operador divergente sobre a lei de Faraday. Uma vez que o divergente do rotacional é identicamente nulo,

$$\nabla \cdot \partial_t B = 0 \qquad (13.21)$$

e como a derivada temporal comuta com o operador divergente,

$$\partial_t \nabla \cdot B = 0 \qquad (13.22)$$

Assim,

$$\nabla \cdot B = b \qquad (13.23)$$

Essa expressão reduz-se à quarta equação de Maxwell, quando a função b é particularizada ($b = 0$).

Uma vez obtidas as equações de Maxwell a partir de identidades vetoriais, pode ser estabelecida uma analogia entre o eletromagnetismo e as interações nucleares fortes. Reescrevendo a lei de Ampère em termos do potencial vetorial de Maxwell pelo emprego das relações

$$B = \nabla x \mathbf{A} \qquad (13.24)$$

e

$$E = -\partial_t \mathbf{A} - \nabla \mathbf{A}_0 \qquad (13.25)$$

onde A_0 representa a primeira componente do vetor A, obtém-se uma equação do tipo **Klein-Gordon não homogênea** para cada uma das componentes desse campo vetorial. Substituindo (13.24) e (13.25) em (13.14), obtém-se

$$\partial_t(-\partial_t \mathbf{A} - \nabla \mathbf{A}_0) - \nabla x \nabla x \mathbf{A} = -j + \nabla h \qquad (13.26)$$

Utilizando agora a identidade vetorial

$$\nabla x \nabla x f = \nabla \nabla \cdot f - \nabla^2 f \qquad (13.27)$$

a equação (13.26) assume a forma

$$\partial_t(-\partial_t \mathbf{A} - \nabla \mathbf{A}_0) + \nabla^2 \mathbf{A} - \nabla \nabla \cdot \mathbf{A} = -j + \nabla h \qquad (13.28)$$

Após rearranjar termos, (13.28) torna-se uma equação do tipo Klein-Gordon não homogênea:

$$-\partial_{tt}\mathbf{A} + \nabla^2 \mathbf{A} = -j + \nabla(h + \partial_t \mathbf{A}_0 + \nabla \cdot \mathbf{A}) \qquad (13.29)$$

Esse modelo, que já foi deduzido de forma semelhante na literatura segundo Dattoli et al. (1988), é análogo ao utilizado para descrever as interações nucleares fortes. Nesse caso, entretanto, a variável dependente é a função de onda em vez do potencial de Maxwell.

Note-se que a equação (13.27) também se origina de uma relação de comutação, que pode ser expressa como

$$\nabla x \nabla x = [\nabla\nabla\cdot, \nabla\cdot\nabla] \qquad (13.30)$$

Nesse caso, os operadores A e B são definidos como o gradiente e o divergente. Esse fato induz a considerar a possibilidade de formular outras equações diferenciais de segunda ordem diretamente a partir da relação de comutação (12.7). Entretanto, essa relação de comutação deriva de uma identidade tensorial que será discutida posteriormente. Essa identidade constitui um ponto de partida mais conveniente do que a equação (12.7) para a formulação de equações diferenciais, por possibilitar a obtenção de modelos transientes independentes do observador. Por ora, será explorada uma conexão entre a teoria eletromagnética e a mecânica de fluidos, obtida pela equação (13.29).

13.2 – Extensão da lei de Ampère

A partir da equação (13.29), é possível produzir um modelo hidrodinâmico semelhante ao constituído pelas equações de Navier-Stokes. Basta, para tanto, identificar o potencial vetorial de Maxwell como uma generalização do vetor velocidade. Esse vetor pode ser definido em quatro dimensões como

$$V = (\rho, u, v, w) \qquad (13.31)$$

Nesse caso, a corrente corresponde aos termos inerciais, que podem ser obtidos aplicando o divergente generalizado sobre o tensor definido como

$$V^{\mu\nu} = V \otimes V = [\rho,u,v,w]^T[\rho,u,v,w] = \begin{bmatrix} \rho^2 & \cdots & \rho w \\ \vdots & \ddots & \vdots \\ w\rho & \cdots & w^2 \end{bmatrix} = V^\mu V^\nu \qquad (13.32)$$

De fato, como já havia sido demonstrado no Capítulo 11,

$$j = \partial_\mu V^{\mu\nu} = \partial_\mu(V^\mu V^\nu) = (\partial_\mu V^\mu)V^\nu + V^\mu \partial_\mu V^\nu = (\nabla\cdot V)V + (V\cdot\nabla)V = (V\cdot\nabla)V \qquad (13.33)$$

Assim, um modelo hidrodinâmico pode ser obtido a partir da extensão da lei de Ampère. Substituindo em (13.29) o potencial de Maxwell pelo vetor velocidade, definido em (13.31), e utilizando a definição de corrente dada por (13.33), obtém-se

$$\partial_{tt}\mathbf{V} - \nabla^2\mathbf{V} = -\nabla\cdot(V\otimes V) + \nabla(h + \partial_t \mathbf{V}_0 + \nabla\cdot V) \qquad (13.34)$$

Como V_0 é a função densidade, as duas últimas parcelas anulam-se mutuamente, devido à equação da continuidade. Além disso, a função escalar h é identificada, a menos de um sinal, como o campo de pressão dividido pela densidade (p/ρ), de modo que a equação (13.34) se reduz a

$$\partial_{tt}\mathbf{V} - \nabla^2\mathbf{V} = -\nabla\cdot(V\otimes V) + \nabla P \qquad (13.35)$$

ou

$$\partial_{tt}\mathbf{V} + (V\cdot\nabla)\cdot V = \nabla^2\mathbf{V} - \nabla P \qquad (13.36)$$

Nestas equações, foi adotada a convenção $P = p/\rho$, a fim de simplificar a notação. Assim, o modelo hidrodinâmico resultante consiste em quatro equações em vez de três, cada uma delas contendo termos extras de primeira e segunda ordens em relação às equações de Navier-Stokes em sua forma original:

$$\frac{\partial^2 \rho}{\partial t^2} + \rho\frac{\partial \rho}{\partial t} + u\frac{\partial \rho}{\partial x} + v\frac{\partial \rho}{\partial y} + w\frac{\partial \rho}{\partial z} = \nabla^2 \rho - \frac{\partial P}{\partial t} \qquad (13.37)$$

$$\frac{\partial^2 u}{\partial t^2} + \rho\frac{\partial u}{\partial t} + u\frac{\partial u}{\partial x} + v\frac{\partial u}{\partial y} + w\frac{\partial u}{\partial z} = \nabla^2 u - \frac{\partial p}{\partial x} \qquad (13.38)$$

$$\frac{\partial^2 v}{\partial t^2} + \rho\frac{\partial v}{\partial t} + u\frac{\partial v}{\partial x} + v\frac{\partial v}{\partial y} + w\frac{\partial v}{\partial z} = \nabla^2 v - \frac{\partial P}{\partial y} \qquad (13.39)$$

e

$$\frac{\partial^2 w}{\partial t^2} + \rho\frac{\partial w}{\partial t} + u\frac{\partial w}{\partial x} + v\frac{\partial w}{\partial y} + w\frac{\partial w}{\partial z} = \nabla^2 w - \frac{\partial P}{\partial z} \qquad (13.40)$$

De forma equivalente, é possível obter um sistema de equações não lineares para o eletromagnetismo a partir de uma analogia com esse modelo hidrodinâmico. Basta para tanto expressar a corrente em termos do potencial de Maxwell na equação (13.29), e assim obter uma equação não linear que descreve as interações eletromagnéticas exclusivamente em função desse potencial vetorial. Uma vez que o termo advectivo do modelo hidrodinâmico resulta da aplicação do operador divergente sobre o produto tensorial definido em (13.6), é possível substituir j pelo divergente do tensor definido como

$$A^{\mu\nu} = A \otimes A = A^\mu A^\nu \qquad (13.41)$$

na equação (13.29), a fim de obter um modelo não linear para o potencial de Maxwell. Substituindo a corrente pelo divergente do tensor e reescrevendo os termos restantes da equação (13.29) em notação indicial, obtém-se

$$\partial_\mu \partial^\mu A^\nu = -\partial_\mu (A^\mu A^\nu) + \nabla(h + \partial_\mu A^\mu) \qquad (13.42)$$

Esta equação pode sofrer redução de ordem, resultando em um modelo tensorial. Como já foi mencionado, o último termo é identificado como o gradiente de pressão, que a princípio não precisa figurar explicitamente no modelo. Isso ocorre porque a equação (50) foi obtida a partir da lei de Ampère, que ao menos a princípio não deve conter o termo correspondente ao gradiente de um campo escalar. Esse termo extra está presente apenas na generalização dessa lei. Ignorando o termo extra e colocando o divergente generalizado em evidência, obtém-se uma forma fatorada para a equação (13.42):

$$\partial_\mu(\partial^\mu A^\nu + A^\mu A^\nu) = 0 \qquad (13.43)$$

Efetuando a redução de ordem pela eliminação do divergente e repondo o espaço nulo desse operador, resulta

$$\partial^\mu A^\nu = A^\mu A^\nu + \partial^\mu q^\nu - \partial^\nu q^\mu \qquad (13.44)$$

Nesta equação, q é um campo vetorial arbitrário.

Esse modelo constitui um possível ponto de partida para a obtenção de uma equação não linear que descreve eventos em microescala, embora existam outras equações com estrutura similar que também podem ser empregadas para esse fim. O próximo capítulo é dedicado à formulação de modelos em microescala com maior nível de rigor, visando esclarecer uma série de fenômenos físicos não abordados até então.

capítulo 14
Modelos em microescala

Este capítulo tem como colaborador o professor Volnei Borges
(UFRGS, Departamento de Engenharia Mecânica – Grupo de Estudos Nucleares)

Uma vez estabelecida a conexão entre a mecânica de fluidos e a teoria eletromagnética e obtidos os modelos que se complementam mutuamente, surge uma nova questão sobre a própria forma de interpretar os fenômenos físicos. Tanto as equações de Maxwell quanto as equações que regem os escoamentos viscosos possuem estrutura equivalente, na forma de modelos do tipo Klein-Gordon. Esse modelo descreve também as interações nucleares fortes.

Assim, parece haver um princípio único por trás da dinâmica das equações advectivo-difusivas, o qual se manifesta mais como um mecanismo de interferência entre campos do que de interações entre partículas. Além disso, o significado físico atribuído a determinados campos parece menos relevante do que sua própria estrutura. Como exemplo, funções vetoriais podem ser interpretadas como potenciais de interação ou como campos de velocidade. Entretanto, campos tensoriais integram essas duas características em uma única estrutura, como no caso do tensor de Maxwell e da vorticidade generalizada. Nesses campos, produzidos pela aplicação da derivada exterior sobre funções vetoriais, três elementos podem ser interpretados como componentes de um vetor que descreve campos de velocidade, sendo que outros três são considerados termos de interação.

Como já foi discutido em capítulos anteriores, essa forma arbitrária de classificar campos vetoriais, como potenciais de interação ou vetores velocidade, tem origem na concepção mecanicista, onde se atribui identidade a partículas. Essa tendência a atribuir identidade a padrões locais é bastante arraigada, a ponto de se manter inalterada mesmo diante de situações paradoxais. Uma forma conveniente de preservar o ponto de vista mecanicista perante situações atípicas consiste em classificar padrões locais como partículas propriamente ditas, chamadas férmions, e partículas mediadoras das interações entre férmions, denominadas bósons. Essa classificação se baseia em detalhes sobre a estrutura dos campos correspondentes e em um conceito adicional, que também tem origem na concepção mecanicista: o de ocupação.

Neste capítulo, os conceitos originados na concepção mecanicista são reformulados e substituídos por um único princípio, que decorre naturalmente da estrutura das soluções implícitas das equações diferenciais não lineares, de acordo com Zwillinger (1992) e Polyanin e Zaitsev (2004). Embora o texto a seguir pareça relativamente formal, pode ser assimilado sem grandes dificuldades, desde que o leitor tenha compreendido o objetivo principal do Capítulo 11: estabelecer a equivalência entre campos de velocidade e potenciais de interação. Por essa razão, é preciso ressaltar que o emprego usual das transformações de Bäcklund, que consiste em mapear a equação diferencial a resolver em novas formas que compartilham o mesmo espaço de soluções, não visa apenas simplificar o processo de obtenção de soluções. O mapeamento deve também ser considerado como um recurso didático que permite adquirir um ponto de vista unificado em relação à formulação de problemas físicos, eliminando as barreiras aparentes entre as respectivas áreas de aplicação.

14.1 – Formulação para problemas em microescala

A equação (13.34) contém um termo de fonte que não deveria estar presente na formulação. Como já foi mencionado, o modelo não pode conter funções conhecidas e, portanto, a equação (13.34) deveria ser homogênea. A princípio, esse problema poderia ser resolvido ao antissimetrizar a equação, isto é, subtrair (13.34) de sua transposta. Essa operação anularia o termo de fonte sem aumentar a ordem da equação. Entretanto, ao efetuar essa operação, o termo não linear desapareceria, de modo que as interações responsáveis pela formação de estados ligados deixariam de existir.

Ocorre que as equações (12.1) e (12.2) podem ser expressas em forma antissimétrica, dada por

$$\frac{\partial f}{\partial t} - \frac{\partial f}{\partial x} = Af - Bf \qquad (14.1)$$

desde que os operadores A e B sejam definidos de tal forma que o membro direito de (14.1) não se anule. Para modelos em microescala, os termos não lineares não são definidos a partir de formas quadráticas, mas **bilineares**. Isto é, contendo produtos entre a função incógnita e seu complexo conjugado. Nesse caso, o tensor que representa os termos não lineares é definido como

$$\Psi^{\mu\nu} = \Psi^* \otimes \Psi = [\Psi_0^*, \Psi_1^*, \Psi_2^*, \Psi_3^*]^T [\Psi_0, \Psi_1, \Psi_2, \Psi_3] = \begin{bmatrix} \Psi_0^* \Psi_0 & \cdots & \Psi_0^* \Psi_3 \\ \vdots & \ddots & \vdots \\ \Psi_3^* \Psi_0 & \cdots & \Psi_3^* \Psi_3 \end{bmatrix} = \Psi^{*\mu} \Psi^{\nu}$$
$$(14.2)$$

Nesta equação, Ψ é o quadrivetor de funções de onda, e o símbolo * denota seu complexo conjugado. Ao antissimetrizar esse tensor, obtém-se o produto externo entre o quadrivetor e seu conjugado:

$$\Psi^* \wedge \Psi = \Psi^* \otimes \Psi - \Psi \otimes \Psi^* = \Psi^{\mu*} \Psi^{\nu} = \Psi^{\mu} \Psi^{\nu*} \qquad (14.3)$$

Assim, o termo não linear de (13.34) pode ser redefinido como

$$A^{\mu\nu} = A^* \wedge A = A^{\mu*} A^{\nu} - A^{\mu} A^{\nu*} \qquad (14.4)$$

De forma análoga, ao antissimetrizar o membro esquerdo de (13.34), obtém-se a derivada exterior do potencial A, que constitui o tensor de Maxwell:

$$\partial\hat{\ }A = F^{\nu\mu} = \partial^\mu A^\nu - \partial^\nu A^\mu \tag{14.5}$$

Torna-se possível então formular um modelo antissimétrico que contém apenas o potencial vetorial de Maxwell, desde que sejam consideradas suas partes real e imaginária:

$$\partial\hat{\ }A = A *\hat{\ } A \tag{14.6}$$

Esse candidato a modelo em microescala apresenta uma vantagem sobre equações nas quais a função de onda é a variável dependente. Isso ocorre porque a prescrição de uma condição inicial realista para o potencial vetorial de Maxwell constitui uma tarefa relativamente simples. No instante inicial, a componente A_0 é conhecida, pois corresponde ao potencial de Coulomb para as partículas consideradas. Basta então prescrever a primeira componente e considerar as demais nulas no tempo $t = 0$, deixando que o sistema evolua a partir dessa prescrição inicial.

Na verdade, a estrutura mais geral para o modelo deve ser expressa na forma

$$\partial^A = V^A \tag{14.7}$$

onde V representa um campo de velocidades a determinar, que pode ser obtido a partir de equações já existentes, que tenham reproduzido fielmente os respectivos dados experimentais em aplicações específicas. Um exemplo de modelo já existente consiste na combinação das equações de Dirac e Maxwell, que costumam reproduzir seções de choque de espalhamento para fótons com exatidão de mais de cinco casas decimais.

Este é outro ponto no qual poderia surgir uma dúvida razoável. Se já existe ao menos um modelo que reproduz fielmente os dados experimentais, mesmo que para ensaios muitos específicos, parece razoável supor que esse modelo deve ser utilizado para simular outros eventos. Ocorre que a combinação dos modelos de Dirac e Maxwell resulta em ao menos quatro equações diferenciais não lineares de terceira ordem, que oferecem alto grau de dificuldade para a obtenção de soluções analíticas, e mesmo para obter aproximações em forma fechada. Com relação a métodos numéricos, o esforço computacional exigido torna essa alternativa fora de questão. Entretanto, identificar o campo V na equação (14.7), a partir da comparação com formas fatoradas do modelo Dirac-Maxwell, constitui uma tarefa factível, embora seja considerada fora de escopo para um texto dessa natureza. Uma possível forma fatorada para as equações de Maxwell pode ser obtida a partir de seu modelo equivalente, expresso como um sistema de quatro equações de Klein-Gordon não homogêneas:

$$\partial_\mu \partial^\mu A^\nu = j^\nu \tag{14.8}$$

Essa equação pode sofrer redução de ordem, resultando no seguinte modelo tensorial:

$$\partial_\mu A^\nu = E^\mu V^\nu \tag{14.9}$$

Neste modelo, V é o campo de velocidades e E representa um quadrivetor que possui duas propriedades específicas. Seu divergente deve ser a função densidade de carga, e seu gradiente não deve possuir projeção sobre o gradiente do campo de velocidades. Assim, o quadrivetor E deve possuir características de campo elétrico. Isso se faz necessário porque, ao aplicar o operador divergente sobre (14.9), obtém-se

$$\partial_\mu \partial^\mu A^\nu = \partial_\mu E^\mu V^\nu + E^\mu \partial_\mu V^\nu \qquad (14.10)$$

De fato, se o divergente do campo E for igual à densidade de carga, isto é, se

$$\partial_\mu E^\mu = \rho \qquad (14.11)$$

e também

$$E^\mu \partial_\mu V^\nu = 0 \qquad (14.12)$$

a equação (14.10) resulta

$$\partial_\mu \partial^\mu A^\nu = \rho V^\nu = j^\nu \qquad (14.13)$$

14.2 – Interpretação do modelo obtido

Antes de estabelecer novas analogias a partir do modelo obtido, é conveniente interpretar uma peculiaridade da formulação básica, com o objetivo de verificar possíveis inconsistências com equações já disponíveis na literatura.

14.2.1 – Justificativa para o termo extra na relação de comutação

A presença de um termo extra na equação (12.7) pode ser interpretada da seguinte forma: supondo que se queira reduzir a equação (12.7) ao modelo disponível na literatura, a derivada do operador A em relação a x deve ser nula ou desprezível em relação à derivada temporal do operador B. Para que isso aconteça, a taxa de amostragem temporal do primeiro observador considerado deve ser mais grosseira do que a taxa de amostragem nas coordenadas espaciais. Neste caso, subentende-se que a taxa de amostragem grosseira também acompanha um extenso período de medição, ao longo do qual o sinal medido é integrado.

Essa hipótese pode ser mais bem compreendida por meio de um argumento gráfico. Para que uma coordenada específica possa ser considerada o tempo próprio de um determinado observador, é preciso que a animação por ele visualizada possua continuidade nas variáveis espaciais, ainda que a resolução nesses eixos seja suficientemente alta para que pudessem ser observadas descontinuidades. Essa característica induz o observador a adotar a hipótese do contínuo como premissa básica para a formulação de um modelo dinâmico. Para que essa característica se manifeste, o eixo temporal deve ser percorrido "rapidamente", no sentido de que a taxa de amostragem temporal seja mais grosseira do que as taxas correspondentes às demais coordenadas (consideradas espaciais). Entretanto, caso isso ocorra, as variações espaciais dos coeficientes do operador A podem ser mascaradas pela integração ao longo de um intervalo de tempo suficientemente extenso.

A diferença entre as taxas de amostragem espacial e temporal possui uma consequência imediata: a impressão de que certos campos manifestam caráter massivo ou energético. A Figura 34 mostra uma reta horizontal, representando uma partícula que não se desloca ao longo da coordenada x, mantendo sempre a mesma abcissa $x = 2$. Esse objeto é visualizado pelo primeiro observador como uma partícula puntual em repouso. Para esse observador, uma reta com determinada inclinação, como a que parte da origem, é visualizada como uma partícula que se desloca com velocidade constante e colide com a primeira partícula em $x = 2$. Quanto maior a velocidade da partícula, maior a inclinação da reta correspondente em relação ao eixo x. Assim, uma reta vertical será interpretada como um "objeto" que surge repentinamente, ocupando todo o campo de visão do observador, e que desaparece instantaneamente. Para o observador cujo tempo próprio corresponde à coordenada x, uma reta horizontal corresponde a um campo difuso, uma vez que ocupa várias posições simultaneamente.

Desses exemplos, conclui-se que o aparente caráter massivo ou energético depende essencialmente da inclinação local de uma linha desenhada no diagrama (t,x).

Para o observador cujo tempo próprio é varrido sobre o eixo t, a Figura 35 representa a colisão de uma partícula com outra consideravelmente mais massiva, que se encontra em repouso. Após a colisão, a partícula menos massiva inverte sua trajetória, retornando ao ponto inicial, enquanto a mais massiva praticamente não se move. Já o observador cujo tempo próprio corresponde ao eixo x interpreta a reta horizontal como um campo difuso, enquanto as linhas inclinadas representam duas partículas em rota de colisão.

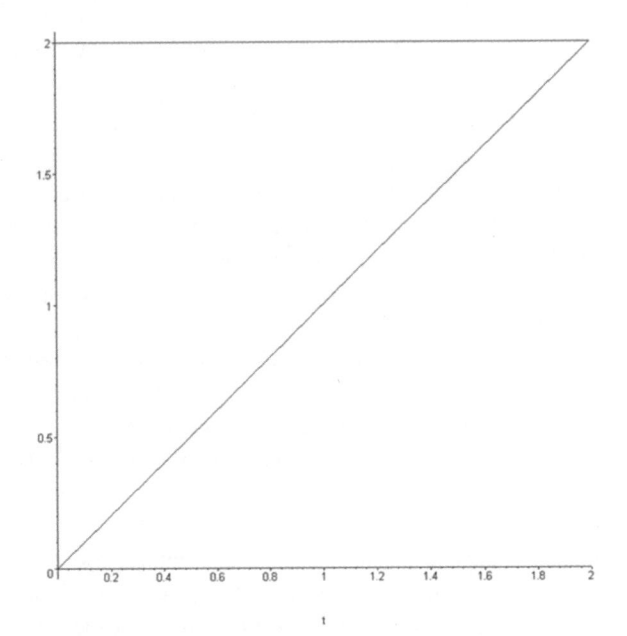

Figura 34 – A reta horizontal representa uma partícula em repouso, enquanto a inclinada, uma partícula que se desloca com velocidade constante

Esse observador interpreta o gráfico mostrado na Figura 35 como um processo de aniquilação, no qual duas partículas se aproximam, colidem e destroem-se mutuamente, produzindo energia durante um pequeno intervalo de tempo. Essa energia produzida é representada pela reta horizontal.

A correspondência entre eventos visualizados pelos dois observadores induz a supor que determinadas estruturas moleculares para um deles devam corresponder a eventos envolvendo espalhamento de radiação para outro.

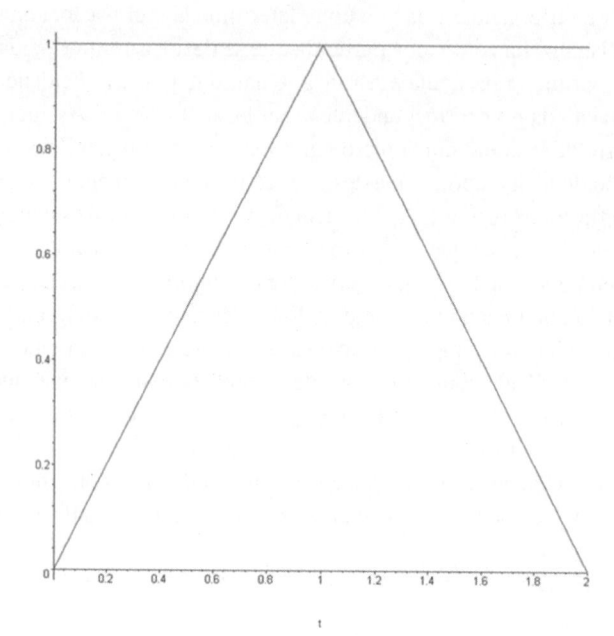

Figura 35 – Correspondência entre processos de colisão elástica e de aniquilação

Em particular, para um dos observadores, ligações químicas que formam ângulos específicos entre si podem corresponder ao espalhamento anisotrópico de radiação para outro observador. Nesse processo, o decréscimo de energia da radiação espalhada em relação ao feixe incidente para um dos observadores corresponde ao ângulo entre duas ligações adjacentes para outro.

A equivalência entre estruturas moleculares e eventos envolvendo espalhamento de radiação possui outras consequências indiretas. Ao impor implicitamente que os mecanismos, segundo os quais as reações químicas ocorrem, devem ser consistentes com as respectivas seções de choque de espalhamento para outro observador, surge de forma bastante indireta uma questão importante sobre a classificação das partículas subatômicas em relação à ocupação de níveis de energia.

Tradicionalmente, as partículas são classificadas como **férmions**, nos quais se enquadram elétrons, prótons, nêutrons e **bósons**, considerados mediadores das interações entre férmions. Nessa classe enquadra-se o fóton, considerado mediador das interações eletromagnéticas, em um sentido bastante específico: a interação eletromagnética implica a transferência de fótons entre férmions.

Com relação à ocupação, considera-se que um número qualquer de bósons possa existir em cada nível de energia, enquanto a ocupação dos férmions sofre restrições. Como exemplo, é usualmente difundida a regra segundo a qual não pode haver mais de dois elétrons em um único nível de energia. Entretanto, revisitando esses conceitos sem a influência da concepção mecanicista, seria realmente necessário considerar férmions e bósons como objetos distintos? A princípio, a forma pela qual a ocupação dos estados é efetuada não parece uma característica capaz de distinguir objetos, mas uma forma de caracterizar comportamentos locais. Esse ponto de vista será discutido a seguir.

14.2.2 – Distinção entre partículas e mediadores

Levando-se em conta o argumento anterior, à primeira vista a equação (12.7) parece descrever a dinâmica de um sistema puramente bosônico. Entretanto, é importante observar que o modelo é não linear, de modo que pode conter implicitamente os termos relativos à quantização e à própria forma de ocupação dos níveis de energia. Basta considerar que a manifestação do caráter fermiônico ou bosônico de uma determinada solução pode estar no comportamento local das foliações que definem a solução implícita do modelo não linear. Esse caráter pode se manifestar pelo próprio conjunto de soluções explícitas correspondentes, capaz de definir os possíveis estados do sistema, ou pela presença de singularidades nas derivadas espaciais, eventualmente presentes em regiões nas quais existam conexões entre duas ou mais foliações. Nesse caso, as partículas e os mediadores das interações existentes entre elas poderiam ser considerados como manifestações locais das foliações, eliminando a necessidade de identificar férmions e bósons como conceitos distintos. Esse argumento será explorado de forma mais detalhada em seções posteriores.

Do argumento proposto conclui-se que a formulação básica simplesmente não faz distinção entre férmions e bósons, ao menos de forma explícita. Em vez de procurar adaptar o modelo para que essa distinção possa figurar explicitamente, parece mais sensato verificar antes se é realmente necessário efetuar essa adaptação. Para tanto, é conveniente examinar o conceito de povoamento, a partir de um ponto de vista não mecanicista, que eventualmente possa ser compatível com a formulação apresentada anteriormente.

14.2.3 – Dificuldades associadas ao conceito de partícula

Ao examinar a ideia de povoamento, surgem algumas dificuldades associadas ao próprio conceito de partícula que foram discutidas anteriormente. Como já foi mencionado, nosso costume de atribuir identidade a objetos induz também a atribuir significado a determinadas funções. Na Seção 13.1, ao interpretar de maneira particular as funções resultantes da aplicação dos operadores A e B sobre um mesmo campo vetorial f, surgiram as funções densidade e fluxo, o que resultou na obtenção da equação da continuidade a partir de uma simples identidade vetorial. Em seguida, utilizando o mesmo artifício, duas identidades vetoriais foram convertidas nas equações de

Maxwell, que deram origem à equação de Klein-Gordon, estabelecendo conexões entre o eletromagnetismo, as interações nucleares e a mecânica de fluidos.

Esses fatos induzem a questionar até que ponto nosso costume de atribuir identidade a determinados padrões visuais ou conferir significado específico a estruturas matemáticas pode tornar tendencioso o nosso modo de interpretar fenômenos. Mais especificamente, uma vez que não é possível garantir a preservação da identidade de um objeto dito material, até que ponto o conceito de povoamento faz realmente sentido? A ideia de povoamento resulta de uma sequência de construções conceituais que não parecem se apoiar em fundamentos sólidos, mas sim em uma série de convenções logicamente encadeadas. Uma vez que a noção de velocidade depende da atribuição de identidade a um determinado padrão que se manifesta localmente, seja este reconhecido visualmente ou por meio de medições, também o conceito de povoamento depende da aceitação da identidade desse padrão como partícula.

Ao supor que possa haver um processo de obtenção de equações dinâmicas baseado apenas em identidades, o conceito de povoamento pode eventualmente emergir de forma natural desse processo, mas com uma interpretação essencialmente não mecanicista. No entanto, para que a respectiva formulação não mecanicista seja bem-sucedida, é preciso que a própria equação dinâmica estabeleça, de forma automática, a seleção dos possíveis estados do sistema ao longo de sua evolução temporal.

A fim de evitar que a noção de povoamento esteja condicionada à aceitação de premissas questionáveis, pode ser retomado o argumento proposto na Subseção 14.2.2, para especificar a forma pela qual a estrutura de uma solução implícita pode estabelecer as propriedades locais de um campo.

14.2.4 – Uma possível origem para a quantização

A fim de esclarecer a forma pela qual a solução implícita de uma equação diferencial não linear pode estabelecer os possíveis estados de um sistema e também seu respectivo povoamento, é preciso compreender a influência do emprego de certas representações na interpretação de um modelo matemático.

Ao trabalharmos com campos vetoriais, utilizamos uma representação na qual se distribui um conjunto finito de funções ao longo de uma estrutura compartimentada. É como se cada gaveta de um móvel contivesse uma função, que representa uma componente específica do campo vetorial. Outra possível representação para um campo vetorial, igualmente válida, poderia ser obtida da seguinte forma: toma-se uma função escalar dependente das mesmas variáveis e acrescenta-se um novo argumento. Essa nova variável pode assumir um número finito de valores discretos, cada um deles correspondendo a uma das componentes do campo vetorial. Uma terceira representação pode ser também obtida, ao associar a cada componente do campo vetorial uma derivada de certa ordem em relação ao novo argumento. Nesse caso, o novo argumento pode variar de forma contínua, produzindo igualmente um campo vetorial a partir de uma função escalar.

Em todas as alternativas apresentadas, está sendo aplicada, direta ou indiretamente, uma sequência de operadores sobre uma determinada função que representa a primeira componente do campo, produzindo assim as demais componentes. Como exemplo, o campo de velocidades formado pelas componentes

$$u = 2x \qquad (14.14)$$

e

$$v = 2y \qquad (14.15)$$

pode ser expresso na forma de um campo escalar definido como

$$f = 2x + 2yr \qquad (14.16)$$

Assim, as componentes u e v podem ser recuperadas ao aplicar operadores diferenciais sobre f:

$$v = \frac{\partial f}{\partial r} \qquad (14.17)$$

$$v = f - r\frac{\partial f}{\partial r} \qquad (14.18)$$

Essas formas de representar o campo vetorial, embora aparentemente isentas e arbitrárias, contêm em sua concepção um fator bastante tendencioso: a premissa implícita de que é necessário acrescentar novos argumentos a um campo escalar, a fim de aumentar sua dimensionalidade, isto é, convertê-lo em um campo vetorial ou tensorial. Essa premissa pode ter origem em nossa própria tendência a representar soluções de equações diferenciais tipicamente em forma explícita, em vez de utilizar equações algébricas para descrever soluções implícitas. Como consequência desse costume, pode parecer natural admitir que a solução de uma equação dinâmica contenha dependências extras. Entretanto, uma vez que na equação-alvo esses novos argumentos não figuram de forma explícita, torna-se necessário recorrer a modelos auxiliares, locais ou não locais, tais como restrições diferenciais, condições de contorno e regras de seleção, a fim de restringir novamente o espaço de soluções, ampliado pela inclusão dessas novas dependências.

É preciso ter em mente que o processo de resolução de equações diferenciais deveria ter como objetivo principal, se não exclusivo, eliminar as derivadas das funções incógnitas a fim de encontrar a solução geral, e não necessariamente obter apenas um subespaço de soluções explícitas. Ocorre que esse subespaço pode se mostrar incapaz de reproduzir certas características do cenário físico em estudo. Por exemplo, a própria interação da radiação com a matéria produz desdobramentos no espectro de energia, que não necessariamente são contemplados por soluções explícitas. É conveniente, portanto, considerar a possibilidade de reproduzir o comportamento dinâmico do sistema por meio de soluções implícitas.

O leitor habituado a resolver problemas de autovalores e autofunções em física quântica poderia eventualmente discordar do argumento apresentado. Entretanto, é preciso recordar que o hábito de produzir autofunções tem origem em uma conveniência operacional, e não em um princípio legítimo. Em mecânica quântica, o princípio de sobreposição de estados é apenas um postulado, cuja finalidade consiste basicamente em simplificar o processo de análise e de resolução das equações que descrevem fenômenos em microescala, assumindo que o operador responsável pela evolução temporal do sistema é linear. Dessa premissa, na melhor das hipóteses questionável, deriva uma série de desdobramentos, que produzem uma descrição desnecessariamente complexa dos processos físicos.

14.2.5 – Um novo conceito de povoamento

Para compreender com maior clareza a forma como poderia ser interpretado o chamado povoamento dos níveis de energia, é preciso questionar certas premissas básicas sobre a natureza das equações diferenciais. Em primeiro lugar, a solução geral de uma equação diferencial ordinária linear de primeira ordem pode ser considerada uma função de duas variáveis independentes, e não de apenas um argumento. Por exemplo, essa solução pode ser expressa como uma função específica dos argumentos x e c_0, onde x representa o eixo considerado principal e c_0 faz o papel de um parâmetro arbitrário. Levando em conta que ambos os argumentos podem variar continuamente, não é preciso fazer qualquer distinção entre eles, de modo que c_0 pode ser considerado um eixo adicional. Nesse sentido, não existem realmente equações diferenciais ordinárias: apenas sistemas de equações parciais, nos quais as equações contendo derivadas em relação aos seus parâmetros não figuram explicitamente em sua formulação original.

Caso a equação diferencial considerada anteriormente fosse não linear, sua solução geral seria implícita, isto é, resultaria em uma equação algébrica não linear contendo três argumentos. Essa solução implícita poderia ser representada pela equação $g(x,c_0,f)$ = 0. Uma vez que essa estrutura pode produzir funções multivaloradas, pode também ser considerada equivalente a um conjunto discreto de soluções explícitas, dependendo do domínio no qual se analisa a estrutura da função g. Essa estrutura poderia inclusive ser interpretada como um conjunto de autofunções associadas a um determinado operador linear. Dessa forma, bastaria criar um funcional cujos valores numéricos especificam cada foliação no domínio considerado, a fim de estabelecer a equivalência entre a estrutura original da solução implícita, definida pela equação $g(x,c_0,f) = 0$, e uma família de soluções explícitas que poderia ser representada localmente por $f(x,c_0,c_1)$. Nessa família de soluções, c_1 representa uma variável adicional, que assume valores discretos, definidos pelo funcional empregado para distinguir as respectivas foliações. Os valores discretos desse parâmetro extra poderiam ser interpretados como autovalores associados ao mesmo operador linear.

De acordo com o argumento proposto, a quantização surgiria naturalmente devido ao caráter implícito da solução geral da equação diferencial não linear, empregada como modelo em vez de um problema de autovalores, no qual se faz necessário prescrever a forma de um potencial de interação. Além disso, as foliações representariam não apenas possíveis estados, mas estados já povoados. Essa característica é fundamental para conferir legitimidade a esse ponto de vista. Uma vez que no modelo proposto, as partículas formam estados ligados com a radiação envoltória, produzindo estruturas nas quais o valor numérico da funcional energia já se encontra previamente definido, a distinção entre estados possíveis e efetivamente povoados depende apenas da função que descreve o estado inicial do sistema. Assim, uma vez estabelecida a forma do estado inicial, resta apenas analisar as foliações que são formadas a partir desse estado prescrito. Essas foliações representam estados ligados efetivamente existentes entre radiação e matéria, isto é, povoados no sentido usual da palavra.

Em suma, basta considerar que a presença de termos não lineares no modelo já cumpre o papel de estabelecer os níveis de energia permitidos e que a condição inicial seleciona aqueles que serão efetivamente existentes ao longo do processo evolutivo. Uma vez que o conjunto de soluções admite funções multivaloradas, essas soluções podem representar todos os possíveis estados do sistema, sendo suas respectivas variáveis quantizadas passíveis de definição a partir de funcionais. Assim, as novas variáveis discretas que caracterizam campos vetoriais, conjuntos de estados quantizados, espinores, tensores ou qualquer estrutura que a princípio derivaria da inclusão de novos argumentos a um determinado campo escalar não precisam ser incluídas na formulação do modelo.

Essa conclusão indica que não parece necessário incorporar aos campos clássicos um procedimento de quantização, uma vez que os modelos não lineares podem exibir comportamento considerado quântico. De acordo com Gross (1993), o aspecto mais relevante do processo de quantização de campos consiste em introduzir não linearidades pela imposição das chamadas relações canônicas de comutação. O principal papel dessas relações de comutação consiste em corrigir uma premissa básica das formulações relacionadas à primeira quantização: a de que o operador responsável pela evolução temporal da função de onda é linear. Sem que essa premissa fosse considerada, sequer faria sentido adotar o ponto de vista de Schrödinger ou de Heisemberg para descrever a evolução de um sistema. Em outras palavras, se a função de onda contempla a dependência temporal em sua definição, automaticamente o operador hamiltoniano também o faz, uma vez que é não linear e, portanto, contém a própria função de onda como coeficiente.

Nesse ponto, o leitor poderia questionar a real necessidade de atribuir à equação dinâmica as funções adicionais de determinar os possíveis estados e promover sua ocupação, uma vez que o modelo proposto poderia, a princípio, conter restrições que acompanham a equação-alvo. Esse argumento parece natural apenas porque temos por hábito agregar restrições a uma equação diferencial, a fim de particularizar o espaço de soluções correspondente. Entretanto, convém lembrar que as restrições mais usualmente empregadas, as condições de contorno, constituem muitas vezes um recurso artificial, embora tradicional, para restringir o espaço de soluções de uma determinada equação. A prescrição de restrições junto a determinadas fronteiras do domínio é efetuada mesmo nos casos em que o comportamento local das soluções não é realmente conhecido. Além disso, muitas vezes as próprias fronteiras são delimitadas de forma arbitrária, não havendo ao menos a mudança de uma propriedade física para caracterizar a existência de qualquer interface. Mesmo no caso das condições de contorno ditas naturais, obtidas a partir de formulações variacionais, essas restrições são questionáveis apenas pelo fato de serem dispensáveis. Seria mais adequado resolver equações diferenciais em meio infinito, considerando propriedades variáveis, a fim de que o comportamento das soluções junto à fronteira fosse determinado automaticamente pela própria equação dinâmica.

Além do argumento anterior, convém lembrar que as interfaces sobre as quais são aplicadas as condições de contorno não existem realmente em escala molecular. A rigor, todo o problema de contorno deveria ser tratado não só em meio infinito, mas também em microescala. Daí a necessidade da aplicação de mapeamentos, tais como os produzidos pelas transformações de Bäcklund, para gerar soluções analíticas, evitando a discretização do domínio em malha fina. Caso fosse realmente necessário resolver essas equações, formuladas em meio infinito e escala molecular, por via numérica, o esforço computacional requerido inviabilizaria totalmente a simulação de cenários em tempo real.

Uma vez compreendidos os argumentos relativos ao modelo de ocupação, alguns princípios fundamentais de química podem ser facilmente absorvidos, com o objetivo de sondar a natureza de vários fenômenos que produzem efeitos considerados atípicos em escala macroscópica. No próximo capítulo, esses argumentos serão utilizados como subsídio para analisar os mecanismos de interação da radiação com a matéria, tópico que constitui a base para elucidar diversos efeitos considerados anômalos em mecânica de fluidos e transferência de calor.

capítulo 15
Conexões entre fenômenos de transporte e química

Este capítulo tem como colaborador o professor Volnei Borges
(UFRGS, Departamento de Engenharia Mecânica – Grupo de Estudos Nucleares)

No Capítulo 13, foi explorada uma importante conexão entre a mecânica de fluidos e o eletromagnetismo, que ressaltou a necessidade de incluir termos de interação entre as moléculas de um fluido nas equações de Navier-Stokes e Helmholtz. Esses termos de interação surgem automaticamente quando o operador rotacional é generalizado para quatro dimensões, produzindo a derivada exterior. A derivada exterior do vetor velocidade gera um tensor que constitui a generalização do vetor vorticidade. Esse tensor antissimétrico possui, além dos três termos clássicos da vorticidade, outros três termos adicionais, associados às interações entre as moléculas do fluido circulante.

Nos Capítulos 11 e 14, essas interações foram reconhecidas como consequência da não linearidade das equações diferenciais que descrevem a evolução do sistema em estudo. Além disso, o próprio conceito de ocupação foi identificado como uma possível consequência do caráter implícito de certas soluções, fornecendo indícios sobre a origem da quantização e o processo de ocupação dos níveis de energia. Essas conclusões induzem a inferir que existe também uma conexão estreita entre fenômenos de transporte e química. Essa conexão é explorada em maiores detalhes a seguir, culminando na elucidação de diversos efeitos considerados até então não relacionados entre si. Embora as ideias expostas neste capítulo estejam embasadas exclusivamente nos argumentos já apresentados, são também corroboradas por diversos resultados obtidos no âmbito da simulação molecular, não apenas para sistemas de baixo peso molecular (Zabadal e Vilhena, 2000; Zabadal, Vilhena e Livotto, 2001), mas também para moléculas orgânicas (Kosloff et al., 1991; Kosloff, 1994) e, até mesmo, para biomoléculas (Barone, Camilo e Galvão, 1996; Barone, Braga e Galvão, 2000; Dees, Askari e Heley, 1996; Manevitch et al., 1999).

15.1 – Uma possível interpretação para os processos reativos

Com relação ao modelo apresentado no capítulo anterior, é importante observar que o conceito de povoamento proposto é totalmente compatível com sua concepção usual. Trata-se de um ponto de vista não corpuscular, que resulta mais abrangente do que a ideia original de ocupação, conciliando pontos de vista em diversas áreas de aplicação. Considere-se inicialmente a afirmação de que apenas dois férmions podem ocupar um determinado nível de energia, enquanto vários bósons podem ser dispostos nesse mesmo nível. Isso é equivalente, em certo sentido, à hipótese de que o campo de radiação envoltório possa ser considerado uma estrutura única que circunda o chamado meio material. Basta ter em mente que, no modelo proposto, os possíveis estados do sistema e os níveis de energia correspondentes são definidos de acordo com a estrutura dos termos não lineares presentes na equação. Esses termos contêm implicitamente o respectivo potencial de interação, que, uma vez alterado a partir do estado inicial, modifica o espectro de energia e, consequentemente, os possíveis estados do sistema ao longo do tempo.

Dessa forma, o novo conceito de povoamento é mais abrangente do que o original, porque não se limita apenas ao aspecto da discretização e do povoamento automático dos níveis de energia. Ocorre que, nas soluções implícitas, surge também de forma absolutamente natural o chamado **efeito Zeeman**, que consiste no desdobramento dos níveis de energia permitidos para um determinado estado, quando exposto a campos magnéticos.

Desse fato, decorrem consequências importantes na análise de mecanismos de reações químicas. Se férmions e bósons podem ser considerados manifestações locais de uma mesma estrutura, os fenômenos químicos devem seguir essencialmente o mesmo processo evolutivo dos eventos associados à interação da radiação com a matéria. Essa analogia pode ser explorada inicialmente no sentido inverso, considerando que uma determinada molécula, ao interagir com a radiação, forma um estado ligado no qual a radiação incidente pode ser considerada como outra espécie química, ou seja, outra molécula. Assim, estruturas excitadas são obtidas quando uma molécula forma um estado ligado com radiação incidente de uma frequência específica. Quanto maior a frequência da radiação incidente com a qual a molécula se combina, maior é o nível de energia correspondente.

Em analogia com os processos reativos, o estado ligado pode ser considerado um complexo de adição com a radiação envoltória, que corresponde à absorção total do feixe incidente. Esse estado ligado pode também ser visto como um produto de substituição, no caso de absorção e espalhamento da radiação. No segundo caso, as componentes do feixe espalhado correspondem aos demais produtos de reação. Quanto mais amplo o espectro de radiação emitido, maior o número de produtos gerados.

15.2 – Os efeitos indutivo e de campo

Como já mencionado, o número de foliações existentes na solução implícita define automaticamente os estados possíveis, sendo que o estado inicial determina quais dentre eles serão realmente existentes. No efeito Zeeman, o desdobramento dos níveis de energia ocorre porque a interação entre um campo magnético e uma determinada molécula tende a formar novos estados ligados, que possuem um espectro mais fino. A fim de esclarecer o motivo pelo qual isso ocorre, basta considerar duas soluções implícitas da mesma equação diferencial não linear, expressas, respectivamente, como $a(x,t,f) = 0$ e $b(x,t,g) = 0$. Os respectivos conjuntos de soluções explícitas locais são representados pelas funções $f(x,t,c)$ e $g(x,t,k)$, onde c e k são parâmetros que definem as foliações correspondentes. A fim de produzir um novo conjunto de soluções locais para a mesma equação diferencial a partir das funções f e g, é preciso obter uma combinação não linear entre elas. Isso significa que pode existir uma função $h(f,g)$ que também representa uma solução exata para a equação-alvo. Essa nova solução produz, em geral, estruturas locais que contêm maior número de foliações do que a soma das anteriores. Além disso, essa combinação não linear pode também depender de derivadas das funções f e g, como ocorre nas transformações de Bäcklund. Esse aumento do número de foliações pode ser interpretado como desdobramento dos níveis de energia em estrutura hiperfina.

A formação desses novos estados ligados pode fornecer mais de um nível de desdobramento. Essa característica pode ser verificada ao analisar a estrutura das soluções implícitas de equações não lineares por meio de mapeamentos. Como exemplo, a solução implícita da equação não linear

$$\frac{\partial^2 f}{\partial x^2} = f \frac{\partial f}{\partial y} \tag{15.1}$$

expressa como $g(x,y,f) = 0$, pode ser empregada para obter uma equação auxiliar em domínio estendido. As derivadas primeiras da solução implícita resultam

$$\frac{\partial g}{\partial x} + \frac{\partial g}{\partial f}\frac{\partial f}{\partial x} = 0 \tag{15.2}$$

e

$$\frac{\partial g}{\partial y} + \frac{\partial g}{\partial f}\frac{\partial f}{\partial y} = 0 \tag{15.3}$$

Dessas equações, podem ser isoladas as derivadas da função incógnita:

$$\frac{\partial f}{\partial x} = -\frac{\frac{\partial g}{\partial x}}{\frac{\partial g}{\partial f}} \tag{15.4}$$

e

$$\frac{\partial f}{\partial y} = -\frac{\frac{\partial g}{\partial y}}{\frac{\partial g}{\partial f}} \tag{15.5}$$

Derivando (15.4) em relação a x, obtém-se uma expressão para a derivada segunda, presente no membro esquerdo de (15.1):

$$\frac{\partial^2 f}{\partial x^2} = \frac{-\frac{\partial g}{\partial x}\left[\frac{\partial^2 g}{\partial f \partial x} + \frac{\partial^2 g}{\partial f^2}\frac{\partial f}{\partial x}\right] + \frac{\partial g}{\partial f}\left[\frac{\partial^2 g}{\partial x^2} + \frac{\partial^2 g}{\partial f \partial x}\frac{\partial f}{\partial x}\right]}{\left(\frac{\partial g}{\partial f}\right)^2} \tag{15.6}$$

Usando (15.4) para eliminar as derivadas primeiras de f presentes em (15.6), resulta

$$\frac{\partial^2 f}{\partial x^2} = \frac{-\frac{\partial g}{\partial x}\left[\frac{\partial^2 g}{\partial f \partial x} + \frac{\partial^2 g}{\partial f^2}\left(-\frac{\frac{\partial g}{\partial x}}{\frac{\partial g}{\partial f}}\right)\right] + \frac{\partial g}{\partial f}\left[\frac{\partial^2 g}{\partial x^2} + \frac{\partial^2 g}{\partial f \partial x}\left(-\frac{\frac{\partial g}{\partial x}}{\frac{\partial g}{\partial f}}\right)\right]}{\left(\frac{\partial g}{\partial f}\right)^2} \qquad (15.7)$$

Substituindo (15.5) e (15.7) em (15.1) e rearranjando termos, surge uma nova equação diferencial não linear em g:

$$-\frac{\partial g}{\partial x}\left[\frac{\partial g}{\partial f}\frac{\partial^2 g}{\partial f \partial x} + \frac{\partial^2 g}{\partial f^2}\right] + \frac{\partial g}{\partial f}\frac{\partial^2 g}{\partial x^2} - \frac{\partial g}{\partial x}\frac{\partial^2 g}{\partial f \partial x} = -\frac{\partial g}{\partial y}\left(\frac{\partial g}{\partial f}\right)^2 \qquad (15.8)$$

Como a equação (15.8) é não linear, também possui soluções implícitas em g. Assim, além das soluções explícitas de (15.8), que constituem soluções implícitas da equação-alvo, existem também soluções implícitas para a própria função g. Cada uma dessas equações algébricas não lineares em g produz diversas soluções implícitas para f, que, por sua vez, se desdobram em várias soluções explícitas para a mesma função.

Dessa forma, o desdobramento dos níveis de energia por meio da interação entre compostos e campos magnéticos (ou qualquer forma de radiação) também já está previsto na própria estrutura das soluções implícitas. Assim, ao incluir na composição do estado inicial do sistema as funções de onda correspondentes aos compostos presentes e também a radiação incidente, a função de onda total evolui automaticamente para regiões do subespaço de soluções nas quais o número de estados se desdobra de forma específica.

Esse fenômeno é essencialmente o mesmo que ocorre na descrição dos chamados sistemas caóticos e justifica o motivo pelo qual a presença de termos não lineares e derivadas de ordem superior produz, em conjunto, um comportamento mais complexo do que o apresentado pelas soluções de equações não lineares homogêneas de primeira ordem. Ocorre que as equações nas quais estão presentes termos não lineares e derivadas de ordem superior podem produzir vários níveis de desdobramento. Nesse exemplo específico, ao formular um novo modelo estendido a partir da equação (15.8) por meio do mesmo procedimento, a equação diferencial cuja solução é expressa como $h(x,y,f,g) = 0$ também contém termos não lineares, produzindo novas soluções implícitas para h, que se desdobram em soluções implícitas para g e que, por sua vez, se desdobram em novas soluções para f. Esses sucessivos desdobramentos contemplam não apenas o efeito Zeeman, mas também o chamado efeito Zeeman anômalo e o próprio efeito indutivo, assim como todos os eventos relacionados à interação de moléculas e campos, bem como o espalhamento da radiação. Já uma equação do tipo Euler dada por

$$\frac{\partial f}{\partial t} + f\frac{\partial f}{\partial x} = 0 \qquad (15.9)$$

pode ser transformada em uma equação linear em domínio estendido. De fato, uma vez que

$$\frac{\partial f}{\partial t} = -\frac{\frac{\partial g}{\partial t}}{\frac{\partial g}{\partial f}} \qquad (15.10)$$

e

$$\frac{\partial f}{\partial x} = -\frac{\frac{\partial g}{\partial x}}{\frac{\partial g}{\partial f}} \qquad (15.11)$$

a substituição dessas expressões na equação-alvo produz um modelo linear em g. Substituindo (15.10) e (15.11) em (15.9), resulta

$$-\frac{\frac{\partial g}{\partial t}}{\frac{\partial g}{\partial f}} - f\frac{\frac{\partial g}{\partial x}}{\frac{\partial g}{\partial f}} = 0 \qquad (15.12)$$

Colocando o denominador em evidência, obtém-se

$$-\frac{1}{\frac{\partial g}{\partial f}}\left(\frac{\partial g}{\partial t} + f\frac{\partial g}{\partial x}\right) = 0 \qquad (15.13)$$

ou

$$\frac{\partial g}{\partial t} + f\frac{\partial g}{\partial x} = 0 \qquad (15.14)$$

uma vez que não devem existir singularidades na derivada parcial de g em relação a f. Como a equação resultante é linear em g, existe apenas um nível de desdobramentos a partir do estado inicial do sistema, o que só justificaria o efeito Zeeman, mas não o efeito Zeeman anômalo.

15.3 – Efeito indutivo e processos catalíticos

A equivalência entre os processos reativos e de interação da radiação com a matéria permite interpretar de forma análoga os efeitos de campo e os processos catalíticos em geral. Quando duas moléculas se aproximam em presença de radiação incidente, cujo espectro define a temperatura do meio, formam um estado ligado mesmo a distâncias maiores do que a correspondente a uma interação de Van der Waals típica (em torno de 3 Ångstrons). Esse estado ligado pode possuir um espectro suficientemente fino para que seja capaz de espalhar a radiação incidente de forma quase isotrópica, promovendo o rearranjo da nuvem eletrônica e a formação de novos compostos. Assim, o estado ligado comporta-se basicamente como um complexo ativado convencional, produzido por meio da adição de um catalisador a determinados reatantes.

Esse argumento permite interpretar de forma relativamente simples a redução da energia de ativação provocada pela presença de um catalisador. Quando um reatante e um catalisador formam um estado ligado, as lacunas de energia desse composto intermediário tornam-se menores. Consequentemente, esse composto pode interagir com radiação incidente de menor frequência, formando um novo estado ligado que evolui para os produtos definitivos de reação. De forma análoga, se duas moléculas que não reagem entre si forem expostas a um feixe de radiação cujo espectro contém altas frequências, inicialmente cada uma delas pode formar estados ligados apenas com a radiação incidente. Esses estados ligados podem possuir espectros cujas estruturas sejam suficientemente finas para que se tornem compatíveis entre si para alguma posição de ataque, dependendo do grau de anisotropia da respectiva radiação espalhada, e assim iniciar o processo de interação que resulta nos produtos finais de reação.

Em ambos os casos, a recombinação dos compostos ocorre devido aos efeitos de campo, tanto da radiação incidente sobre as moléculas quanto da reemitida por elas próprias. Desse modo, os próprios conceitos de efeito indutivo e efeito de campo tornam-se indistinguíveis, uma vez que diferem apenas pela distância entre os átomos participantes da interação, que podem arbitrariamente ser considerados ligados ou apenas próximos.

O rompimento de ligações e as mudanças de fase podem também ser explicados pelo mesmo princípio. Quando um aglomerado de moléculas é rompido, ou mesmo quando a cisão de uma molécula ocorre durante um processo reativo, os fragmentos produzidos formam estados ligados com a radiação incidente, em um processo análogo ao que ocorre em qualquer reação química.

Algumas consequências dos princípios que orientam a concepção não mecanicista se manifestam de forma bastante clara na escala macroscópica, permitindo reinterpretar alguns fenômenos físicos aparentemente isolados de forma qualitativamente consistente. A título de considerações finais, são discutidas algumas conclusões obtidas ao longo do texto, que ainda não foram apresentadas de forma explícita, embora decorram naturalmente dos princípios já mencionados. Essas conclusões suplementares são apresentadas a seguir, na forma de tópicos sumários. Convém lembrar que, embora essas conclusões tenham sido obtidas a partir de um processo dedutivo envolvendo formalismo matemático e intuição geométrica, são amplamente corroboradas por dados experimentais e simulações de processos em microescala.

i) **Não parece haver razão para que se deva classificar a energia como cinética ou potencial, uma vez que radiação e matéria possuem basicamente a mesma natureza.**

Quando uma molécula se liga a outra por um processo de adição, cada uma delas está formando um estado ligado com a radiação emitida pela outra. Ao acionar uma fonte externa que emite radiação da mesma banda emitida pelas moléculas que formam o sistema ligado, a radiação estará presente não apenas nas imediações de determinada molécula específica, mas distribuída de forma mais homogênea ao longo de toda a extensão de uma determinada região do espaço. Nesse caso, as ligações já existentes parecem ser "rompidas", uma vez que não existe qualquer posição no espaço que favoreça preferencialmente a formação dos estados ligados com a radiação incidente. Quando uma determinada molécula se encontra ligada a um espectro de radiação no qual predominam frequências relativamente baixas, esses novos estados ligados com a radiação incidente definem o movimento aparente da estrutura molecular e, consequentemente, caracterizam uma forma de energia classificada como cinética. Quando a estrutura material forma estados ligados com radiações de maior frequência, a estrutura multissoliton resultante pode fragmentar ou ganhar massa, devido ao padrão de interferência característico formado pela interação entre solitons e frentes de onda de maior frequência. Em ambos os casos ocorrem alterações significativas no potencial de interação resultante. Assim, o caráter cinético ou potencial pode ser reinterpretado como uma manifestação local da estrutura de interferência produzida entre a matéria e a radiação incidente.

ii) **Não existe motivo aparente para considerar calor sensível e latente como conceitos distintos.**

O aumento de temperatura registrado em um líquido sobre o qual incide radiação ocorre como consequência de um único fenômeno: o rompimento dos agregados moleculares em partes menores. Essas partes formam estados ligados com a radiação incidente, emitindo um espectro compatível com sua estrutura e peso molecular. No caso particular em que apenas uma espécie química está presente no sistema, quanto menor o peso molecular do agregado, maior será a frequência necessária para a radiação incidente formar um estado ligado com essa estrutura e, portanto, maior será a frequência da radiação reemitida por essa molécula. À medida que a temperatura aumenta, isto é, que são introduzidas quantidades cada vez maiores de radiação contendo altas frequências, o peso molecular médio dos agregados diminui. Essa redução ocorre de forma aproximadamente contínua, até que predominem agregados bimoleculares que formem ligações provisórias entre si, conservando ainda o sistema em estado líquido. A partir do momento em que essas ligações entre duas moléculas vão sendo rompidas, ocorre a mudança de fase, caracterizada pela emissão de um único espectro dominante. Esse espectro fixo corresponde à temperatura de ebulição na pressão considerada, razão pela qual a ebulição ocorre a uma temperatura aproximadamente constante.

Esta é a razão pela qual ocorre a evaporação de poças expostas ao sol. Quando a radiação incide sobre a primeira camada monomolecular de fluido, as componentes de maior frequência promovem o rompimento de agregados, liberando algumas moléculas isoladas, que passam então à fase gasosa. Na segunda camada monomolecular esse efeito não é tão pronunciado, uma vez que essa camada recebe radiação espalhada, que contém menor quantidade de componentes de alta frequência. O processo de atenuação da radiação segue de camada em camada, reduzindo as frequências que formam o respectivo espectro, o que provoca também a estratificação da temperatura. Esse efeito pode ser mais bem observado em piscinas contendo água estagnada, na qual o perfil de temperaturas decai de forma exponencial da superfície até o fundo.

iii) **A viscosidade cinemática de um fluido é uma medida do peso molecular médio dos agregados moleculares presentes na fase líquida.**
Essa conclusão decorre diretamente do item (ii). No estado líquido, e a baixas temperaturas, predominam agregados de maior peso molecular, que se deslocam unidos, produzindo movimento com certo grau de coerência, que pode ser interpretado como laminar. No caso limite em que a temperatura atinge o ponto normal de fusão, o meio torna-se sólido, produzindo um aumento drástico na viscosidade. A distribuição de peso molecular dos agregados depende, portanto, da temperatura e dos termos extras que figuram no tensor vorticidade generalizada.

iv) **A formação de vórtices não seria possível sem que houvesse interação entre moléculas adjacentes.**
Como argumento inicial, basta imaginar duas moléculas se aproximando em linha reta, com velocidade constante e quase em rota de colisão. Se não houvesse atração entre as eletrosferas, as moléculas simplesmente passariam uma pela outra, seguindo suas trajetórias retilíneas. Entretanto, no caso de existir atração, suas trajetórias sofreriam mútuo desvio, produzindo, no local, um movimento de translação aproximadamente circular. Esse núcleo de translação circular atuaria de modo semelhante a uma engrenagem, que concilia o movimento de duas cremalheiras se movimentando em sentidos opostos. Para refinar o argumento inicial, basta agora considerar que o vetor velocidade possui um quarto componente, que representa a projeção da variação do deslocamento de cada partícula ao longo do tempo. Essa componente da velocidade na direção temporal pode tanto ser identificada como densidade quanto como um termo de interação, a exemplo do que ocorre com os termos extras que figuram no tensor vorticidade generalizada. Assim, tanto o aumento do número de dimensões do vetor velocidade, de três para quatro componentes, quanto o aumento da dimensionalidade do campo de vorticidade, de função vetorial para tensorial, produzem automaticamente os termos de interação, que não figuravam de forma explícita nas equações hidrodinâmicas. Assim, mesmo para representar o comportamento de fluidos não newtonianos, não é preciso introduzir relações tensão-deformação na forma usual. Os termos extras contemplam não só taxas de deformação não lineares, mas também defasagens temporais entre a aplicação da tensão e seu respectivo efeito sobre o campo local de velocidades. Nos mo-

delos hidrodinâmicos em sua forma original, o papel das parcelas advectivas não lineares é análogo ao dos termos de interação, como será mostrado no item (viii).

v) **Não parece haver motivo que justifique a existência das chamadas subcamadas laminar e amortecedora.**
Essa consequência dos itens (i) e (iii) é confirmada por um experimento no qual alguns polímeros lineares de cadeia longa foram inseridos em um escoamento turbulento. A adição desses polímeros junto a uma interface sólida provocou o amortecimento das componentes flutuantes em todo o campo de escoamento, fenômeno hoje conhecido como **efeito Toms** em homenagem a B. A. Toms (1949).

vi) **O caráter laminar ou turbulento de um escoamento viscoso depende essencialmente do peso molecular local do fluido circulante.**
O peso molecular local de um fluido que escoa é afetado por colisões entre clusters oriundos do escoamento principal com a interface sólido-líquido, ou com agregados que já sofreram colisão, tendo sua trajetória sido desviada da direção principal do escoamento. Essas colisões provocam a fragmentação de grandes agregados existentes a montante dos corpos submersos, reduzindo drasticamente a coerência do seu movimento. Quanto menor o peso molecular local, maiores o número de colisões e o ângulo de espalhamento correspondente, que caracterizam a presença de componentes flutuantes interferindo sobre o escoamento principal.

vii) **No escoamento em torno de corpos submersos, a queda brusca do coeficiente de arrasto para números de Reynolds elevados parece ser causada pelo rompimento de agregados até o limite mínimo de peso molecular.**
Para números de Reynolds elevados, o rompimento desses agregados pode levar ao limiar de uma mudança de estado, o que caracteriza um fenômeno denominado "drag crisis". Nessa situação, ocorrem transições locais e provisórias de fase, que têm por consequência a redução brusca da viscosidade cinemática local.

viii) **Não é necessário adicionar componentes flutuantes ao campo de velocidades, a fim de produzir efeitos característicos da turbulência.**
Essa conclusão decorre do exame das próprias soluções formais, introduzidas no Capítulo 2. A aplicação de sucessivas potências de um operador não linear sobre a função que descreve o campo inicial de velocidades já produz componentes flutuantes de forma automática. Para compreender o motivo pelo qual isso ocorre, pode ser avaliado o efeito da aplicação de uma única potência de um operador não linear sobre uma função oscilante. Como exemplo, para uma função senoidal $u = 2\text{sen}(kx)$, o termo não linear udu/dx resulta $2k\text{sen}(kx)\cos(kx)$, que é igual a $k\text{sen}(2kx)$. Isso significa que uma única aplicação do operador transforma uma senoide em outra, cuja frequência é o dobro da inicial. Assim, qualquer perturbação provocada por desvios que promovem oposição local de escoamentos gera pequenas esteiras, cujos vórtices em oposição pro-

duzem novos vórtices menores. Esse processo propaga-se até atingir a escala molecular, dependendo da amplitude e da frequência da perturbação inicial. Essa é uma representação simplificada da estrutura conhecida como **cascata de Kolmogorov**, que descreve o processo pelo qual a energia é dissipada desde a corrente principal para os grandes vórtices e destes para vórtices cada vez menores.

Referências

AMERICAN INDUSTRIAL HEAT TRANSFER – online catalog, 2011.

BARTLETT, D. *The fundamentals of heat exchangers*. [S.l.]: American Institute of Physics, 1996.

BLUMAN, G.; KUMMEI, S. *Symmetries and differential equations*. New York: Springer-Verlag, 1989.

BODMANN, B. E. J. et al. On a new definition of the reynolds number from the interplay of macroscopic and microscopic phenomenology. Integral Methods in Science and Engineering, Springer Science+Business Media, LLC, 2011.

CARNAHAM, J. *Applied numerical methods*. New York: McGraw-Hill, 1990.

CHURCHILL, R. *Variáveis complexas e suas aplicações*. São Paulo: McGraw-Hill, 1975.

DATTOLI, G. et al. An algebraic view to the operatorial ordering and its applications to optics. *Rivista del Nuovo Cimento*, v. 11, n. 11, 1988.

DATTOLI, G. et al. Exponential operators, operational rules and evolutional problems. *Il NuovoCimento*, v. 113B, n. 6, p. 699-710, 1998.

DELANEY, R. Time-marching analysis of steady transonic flow in turbomachinery cascades using the Hopscotch method. *Journal of Engineering for Power*, v. 105, p. 272-279, 1983.

DHAUBADEL, M.; REDDY, J.; TELLIONIS, D. Finite-element analysis of fluid flow and heat transfer for staggered bundles of cylinders in cross flow. *International Journal for Numerical Methods Fluids*, v. 7, p. 1.325-1.342, 1987.

FELSAGER, B. *Geometry, particles and fields*. Nova York: Springer, 1998.

FERNANDEZ, L. C. *Simulação da propagação de poluentes utilizando transformação de Bäcklund – modelo bidimensional*. Dissertação (Mestrado) – Promec/ UFRGS, Porto Alegre, 2007.

GARCIA, R. L. *Soluções exatas para problemas de dispersão de poluentes – modelo tridimensional*, Tese (Doutorado) – PROMEC/UFRGS, Porto Alegre, 2009.

GREENSPAN, D.; CASULLI, V. *Numerical Methods for Applied Mathematics*. Redwood: Addison-Wesley, 1988.

GROSS, F. *Relativistic quantum mechanics and fields theory*. Nova York: John Willey & Sons, 1993.

HOLMAN, J. *Heat transfer*. Nova York: McGraw-Hill, 1983.

IBRAGIMOV, N. *Lie group analysis of partial differential equations*. Boca Raton: CRC, 1995.

JAMESON, A.; SCHMIDT, W.; TURKEL, E. Numerical solution of the Euler equations by finite volume methods using Runge-Kutta time-stepping schemes. In: *AIAA 14th Fluid and Plasma Dynamics Conference*. Palo Alto, CA, 1981.

KHALED, A.-R.A.; VAFAIB, K. The effect of the slip condition on Stokes and Couette flows due to an oscillating wall: exact solutions. *International Journal of Nonlinear Mechanics*, v. 39, p. 795-809, 2004.

KOBER, H. *Dictionary of conformal representations*. London: Dover Pub., 1944.

KOSLOFF, R. et al. A comparison of different propagation schemes for the time dependent schrödinger equation. *Journal of Computational Physics*, v. 94, p. 59-80, 1991.

MALISKA, C. *Transferência de calor e mecânica dos fluidos computacional*. Rio de Janeiro: LTC, 1995.

MARTIN, Michael J.; BOYD, Lain D. Blasius boundary layer solution with slip flow conditions - CP585. *Rarefied Gas Dynamics: 22nd International Symposium*. American Institute of Physics, 2001.

McCUTCHEON, S. *Water quality modeling: transport and surface exchange in rivers*. Boca Raton, FL: CRC, 1990.

MUKHERJEE, R. Effectively design shell-and-tube heat exchangers. *Chemical Engineering Progress*, fev. 1998.

MURREL, J.; BOSANAC, D. The theory of atomic and molecular collisions. *Proceedings of the Chemical Society Reviews*, p. 17-28, 1992.

OLVER, P. Applications of lie groups to differential equations. Nova York: Springer-Verlag, 2000.

ORTEGA, J.; POOLE, W. *Numerical methods for differential equations*. Marshfield: Pitman, 1981.

PING, C.; ZHANG, T. Analytical solutions to the Navier-Stokes equations for non-Newtonian fluid. *Appl. Math. J. Chinese Univ.*, v. 24, 4, p. 483-489, 2009.

POLYANIN, A.; ZAITSEV, V. *Handbook of nonlinear partial differential equations*. Nova York: Chapman & Hall – CRC, 2004.

PRIEZJEV, N. Molecular diffusion and slip boundary conditions at smooth surfaces with periodic and random nanoscale textures. *The Journal Of Chemical Physics*, v. 135 204704, 2011.

RAFFERTY, K. D.; CULVER, G. *Heat Exchangers – Geo-Heat Center Bulletin*, mar. 1998.

REALI, M.; RANGOGNI, R.; PENNATI, V. *International Journal Numerical Methods Engineering*, v. 20, p. 121, 1984.

REDDY, J. *Applied functional analysis and variational methods in engineering*. Nova York: McGraw-Hill, 986.

REICHL, R. A modern course in statistical physics. Nova York: Eduard Arnold, 1980.

SISSON, L.; PITTS, D. *Fenômenos de transporte*. Rio de Janeiro: Guanabara dois, 1986.

TORRES, J. *Time-marching solution of transonic duct flows*. Doctoral Thesis. University of London, 1980.

WHITHAM, G. *Linear and nonlinear waves*. Nova York: Wiley-Interscience, 1999.

ZABADAL, J. et al. Solving unsteady problems in water pollution using Lie symmetries. *Ecological Modelling*, v. 186, p. 271-279, 2005.

ZABADAL, J.; POFFAL, C.; LEITE, S. Closed form solutions for water pollution problems. *Latin American Journal of Solids and Structures*, v. 3, p. 377-392, 2006.

ZABADAL, J.; VILHENA, M. An analytical approach to evaluate the photon total cross-section. *Il Nuovo Cimento*, v. 115 B, n. 5, p. 493-499, 2000.

ZABADAL, J.; VILHENA, M.; LIVOTTO, P. Simulation of chemical reactions using fractional derivatives. *Il Nuovo Cimento*, v. 116, p. 529-545, 2001.

ZWILLINGER, D. *Handbook of differential equations*. Nova York: Academic Press, 1992.